U0182393

乡村景观设计研究

朱少华 著

科 学 出 版 社

北 京

内 容 简 介

本书针对当前乡村景观规划设计的主要景观要素进行了研究探讨，对农业景观、乡村公共空间设计等内容进行了重点讨论。

本书主要由两部分内容构成：第一部分为理论研究部分，着重阐述乡村景观的含义、乡村景观的构成要素、乡村景观规划设计理论、对象系统和设计方法；第二部分是乡村景观要素的具体设计，分别提出农业景观设计、乡村天际线设计、乡村街道空间设计、乡村居住与公共空间设计、乡村的色彩设计。

本书的适宜读者群既包括专业的规划设计人员，也包括广大的乡村建设管理者。同时，本书也可以作为高校景观设计、城市规划、建筑设计、环境艺术设计、文化旅游、农林类专业师生的专业课教材和参考书。

图书在版编目（CIP）数据

乡村景观设计研究/朱少华著.—北京：科学出版社，2022.9

ISBN 978-7-03-055604-2

Ⅰ. ①乡… Ⅱ. ①朱… Ⅲ. ①乡村-景观设计-研究 Ⅳ. ①TU986.2

中国版本图书馆 CIP 数据核字（2017）第 290507 号

责任编辑：袁星星 刘 刚/责任校对：马英菊
责任印制：吕春珉 / 封面设计：东方人华平面设计部

科 学 出 版 社 出版
北京东黄城根北街 16 号
邮政编码：100717
http://www.sciencep.com

北京中科印刷有限公司 印刷
科学出版社发行 各地新华书店经销

*

2022 年 9 月第 一 版 开本：B5（720×1000）
2022 年 9 月第一次印刷 印张：9 1/4
字数：185 000

定价：**92.00 元**
（如有印装质量问题，我社负责调换〈中科〉）

销售部电话 010-62136230 编辑部电话 010-62135120-2047

前　言

　　随着经济的发展与乡村生活水平的不断提高，乡村居民对其居住环境有了新的要求，加之国家不断加强名镇名村保护和社会主义新农村建设，因此普及和提高乡村景观规划设计的基本常识，充分发挥相关设计人才对乡村景观规划设计的引导作用就显得极为重要。

　　本书基于我国乡村景观发展概况，分析新农村规划与建设的现状，研究特定区域的乡村景观规划理念和方法，有助于整合乡村各类景观资源，将资源优势转化为经济优势，加快我国乡村的经济发展步伐，探索出新形势下乡村景观规划模式，以期为社会主义新农村建设提供一定的参考。通过乡村景观的营造，有助于打造环境优美、生态平衡的乡村人居环境，平衡景观开发与生态保护的关系，实现乡村的可持续发展。

　　在编写本书的过程中，作者坚持整体论和系统论的思想，从乡村景观的科学性、技术性和艺术性三个角度，分别对乡村景观的生态学设计、规划管理、空间形态进行了总体的阐述和研究，通过对乡村景观的定性和定量分析与描述，提出解决乡村景观问题的思路与方法。在内容范围上，注重分析和评价农业景观内容研究，介绍了乡村景观规划目标和具体不同空间环境要素的设计；在写作结构上，从乡村景观所面临的时代背景出发，提出乡村景观规划设计研究的时代意义，根据抽象的科学概念和理性的分析，进行宏观的策划、微观的具体景观要素设计，按照提出问题—分析问题—解决问题的思路，采取递进方式展开内容。这样不仅符合科学研究的逻辑规律，也符合读者的阅读习惯和思维习惯。

　　因篇幅所限，对于乡村景观规划设计的评价理论和设计实例未能列入，敬请读者谅解。

　　由于作者水平有限，书中还有很多不足和欠妥之处，敬请指正。

目　录

第一章 乡村景观概述

第一节 景观的含义

"景观"一词自出现以来,其概念一直都颇受争议,不同的学科对其有着不同的理解。虽然不同学科对景观概念的认识各不相同,在同一学科中有时甚至也有分歧,但其也有互相重合和相互渗透的部分。

"景观"在《现代汉语词典》(第七版)中有两种解释:一是"指某地或某种类型的自然景色",二是"泛指可供观赏的景物"。从景观一词的来源来看,它主要是用于描绘人们对自然界不同景物的认识和感知,是一种视觉美学意义上的感受。由于其外延的广泛性,相对应的英文单词比较多,除 landscape 外,还有 scene、scenery、sight、views 等。在西方文学史中,"景观"最早见于希伯来文本的《圣经·旧约》全书中,为"landscape",被用来描述耶路撒冷所罗门王子瑰丽的神殿及具有神秘色彩的皇宫和庙宇。这时"景观"的含义同"风景""景色"接近,都是视觉美学意义上的感受。

各学科对景观的定义和理解各有不同,纷繁复杂。在地理学上,近代地理学创始人洪堡将景观作为一个科学术语引入,并对其含义进行了严格规范,他认为景观作为地理学的中心问题,探讨由原始的自然景观变成文化景观的过程,景观的地理学含义是一种地理区域的综合体,由气候、土壤、水体、植被等自然要素,以及经济、文化现象共同组成,它是区域的最小一级的自然区。

在生态学上,德国地理学家特洛尔将景观概念引入并最终形成景观生态学。他把景观看作是人类生活环境中的"空间的总体和视觉所触及的一切整体",他认为景观是代表生态系统之上的一种尺度单元,他强调景观作为地域综合体的整体性。美国学者福曼和米歇尔·戈登将景观定义为由相互作用的镶嵌体构成,并以类似形式重复出现,具有高度空间异质性的区域。景观生态学就是把地理学家研究自然现象空间关系时的"横向"方法,同生态学家研究生态区域内功能关系时的"纵向"方法相结合,研究景观整体的结构和功能。德国著名学者布赫瓦尔德发展了系统景观思想,他认为景观是地表某一空间的综合特征,是一个多层次的生活空间,是一个由陆地圈和生物圈组成的、相互作用的系统。景观生态的任务就是要协调工业社会与自然之间的矛盾。

综上所述,景观可以归为三种解释。第一种是视觉美学意义上的景观。景观作为审美对象，是风景诗、风景画及风景园林学科的研究对象。第二种是作为地理学的研究对象，主要从空间结构和历史演化上研究，将景观作为地球表面气候、土壤、地貌、生物各种成分的综合体，景观的概念接近于生态系统或生物地理群落。第三种是景观生态学对景观的理解。以景观生态学及人类生态学为研究对象，不但从空间结构及其历史演替上，更重要的是从功能上研究景观整体的结构和功能。

第二节　乡村景观的含义

一、乡村的范围与定义

不同的学科对乡村的范围与定义没有统一的标准，解释也不尽相同。地理学家以土地利用粗放为主要特征来定义乡村。社会学家通过与城市社会的对比，从社会关系、社会结构和社会生活等方面研究它们之间的相互关系、影响、变化和运行规律，揭示乡村的特点。社会学家和人类学家从社会文化构成这一角度来定义乡村，着眼于城乡居民之间行为与态度上的差异性。

从人类聚居的角度来看，城市与乡村都是人类的聚落形式，是人类活动的中心。城市与乡村是一对矛盾的统一体，城市与乡村相比较而存在，也只有在与城市的比较中才能正确地理解与把握。因此，我们可以从城市和乡村的形成过程的角度更清晰地认识乡村。在很多研究中，就是通过城市与乡村的对比来界定乡村的。

综上所述，作者从居住形态、生产方式、经济要素、文化特征综合考虑，认为：乡村是非城市化地区，是社会生产力发生到一定阶段产生的、相对独立的、具有特定的经济、社会和自然景观特点的地区综合体，其人口密度低，聚居规模较小，呈无序分布，以农业生产为主要经济基础，社会结构相对较简单、类同，有大量未开发的土地，同时有大面积的农业或林业土地可利用。典型的乡村包括城镇、村庄、村落和环绕它们的开放地带；森林、农田、湿地、牧场及其他开放地带构成了围绕乡村居民点的环境。

（一）原始聚落——村庄

村庄是聚落的一种基本类型。在聚落形成之初，村落和聚落的含义是相通的。《史记·五帝本纪》中说："一年而所居成聚，二年成邑，三年成都。"聚落的本意是指人类居住的场所。

人类为了生存，必须建立适当的居住地以防寒暑、避风雨、防野兽和防疾病。在史前时代，经济生活简单，乃至没有固定的生活地点，人类是非定居的。在采集时代，为寻求更好的居住环境，人类才开始建造简陋的住宅。由于依靠天然的树果、野兽等食物维持生活，人类往往是分散居住的，与其说是创造了聚落，不如说是形成以家族为单位的分散的居住地，主要是以穴居或巢状树居的形式存在，穴居多分布于石灰岩、黄土等易穿凿的地区，或是利用现成的岩窟。考古学发现，以狩猎、采集为主要生产方式的原始聚落大约出现在中石器时期，这种原始住地多建于森林茂密的低山林区，便于男子狩猎、女子采集。我国原始居住形态也始于巢居，原始居住的洞穴也曾在北京、浙江等地发现。

随着生产力的发展，家畜驯化、农作物种植技术的掌握使人类获得了较为稳定的食物来源，人类的居所逐渐趋于稳定，在氏族社会时期，农业与畜牧业分离，人类完成了第一次社会分工，最初的定居形式——村庄也就产生形成了原始聚落，西方称为村落或小村。这个时期的经济自足能力较弱，为防备灾害，并与其他集团斗争，人们形成了较大的集团，并筑造城墙、修建水渠等。

这些早期原始村落一般具有明显且不规则的边界，住宅区、墓葬区和制陶区成为村落的主要部分，建筑的主要功能是居住和贮藏。建筑群散乱、不规则，建筑物所围合室外空间也多呈不规则状。

为了恢复旱田地力实行了二圃式，部分土地休闲，对牲畜也实行了放牧。农牧结合，以村落为中心，是欧洲的典型做法。游牧聚落多是分散的。古代聚落的形式尚存在于当前世界的，一个是游牧聚落，一个是烧田聚落。

（二）原始聚落的发展与分化——城市、乡村的形成

随着生产的发展、生产力的提高、农业生产技术和工具的进步，农产品逐渐有了富余，交换自己不能生产的生活资料成为可能，部分人从土地耕作中解脱出来，成为专门的手工业者，促进了人类社会的第二次大分工，即商业、手工业与农业的分工。聚落产生了根本性的变化，出现专门从事商业、手工业的城镇，这样的集聚地也就是城市的最初形态。村落则以农牧渔业为主。当时的城镇一是在交换商品基础上发展起来的商业性城镇，二是加工农林水产品，以及开发地下资源发展制造业的工业性城镇。为了满足城市大量食物的需要，形成了花卉、蔬菜、水果等专门化村落，以生产工业原料、食品供给工业城市。

社会分工的出现及农业生产力的提高，有力地促进了城市的发展，同时城市也为农业成果提供了军事上的保障和技术上的支持。城市与乡村形成相互依赖、相互促进的关系，明晰的城市、乡村的概念自此形成。

二、乡村景观的内涵

随着原始聚落的分化，在出现城市与乡村之后，地球表面的景观类型可以根据人类的聚居状况，划分为纯自然景观、城市景观与乡村景观。乡村景观与其他两类景观既有相近之处，又有不同。地理学家从研究文化景观入手对乡村景观进行了系统研究，其中德国地理学家博尔恩根据聚落形式的不同，划分出乡村景观

发展的不同阶段，着重研究了乡村发展与环境、人口密度与土地利用关系以及乡村经济结构。美国地理学家索尔把乡村景观定义为乡村范围内相互依赖的人文、社会、经济现象的地域单元。从地理学的角度看，乡村景观是一种具有特定景观形态、行为和内涵的景观类型，在聚落形态上由分散的农舍到能够提供生产和生活服务功能的集镇所代表的地区，人口密度较小，土地利用粗放并具有明显田园特征，它的特征主要表现在：从地域范围看，乡村景观泛指城市景观范围以外的区域；从景观特征看，乡村景观是人文景观和自然景观的复合体，人类干扰强度低，自然属性强，自然环境占主体地位；以农业为主的生产性景观和粗放性的土地利用为主，具有田园文化和田园生活的特征。从景观生态学的角度看，乡村景观是由村落、农田、水体、植物等不同单元镶嵌而成的复合镶嵌体，既受到自然环境的制约，又受到人为经营活动和经营策略的影响，嵌块体的大小、形状在配置上具有较大的异质性。乡村景观是自然—经济—社会的复合生态系统；从环境资源学的角度看，乡村景观是具有美学、功能、效用、娱乐和生态五种价值的景观综合体。

通过研究不同学科对乡村景观的界定，可以把乡村景观理解为：乡村景观是市区、镇区以外地区的，以自然景观、聚落景观和生产景观为主要景观类型，并具有特有田园特征的景观。简单来说，乡村景观就是指乡村地区范围内，为满足人类生产、生活的需要，在地表之上叠加人类活动形成的人文景观以及自然景观的综合表现。

第三节　乡村景观的特点

乡村景观是人类文化与自然环境相互融合的景观综合体。相比于城市景观，乡村景观的自然属性较强，人类的干扰强度小，自然环境一般在景观构成中占据主体；土地利用粗放，人口密度较小，景观具有深远性和宽广性；以具有生产性为特征的农业景观和田园化的生活方式为最重要的特征。从形成和构成来看，乡村景观具有以下一些特点。

一、生态性和自然性

理想的乡村景观显示出良好的生态环境。在农村，人们进行农业耕作时，因地制宜，充分尊重当地的自然环境特征，发展与自然环境相协调的土地利用方式，融入更多的自然因素，促成景观的丰富性和各种要素的协调。生物多样性、景观丰富性和各种要素的协调性三者共同构成了乡村环境的生态特征。生物的半自然栖息地和野生动植物种类使乡村环境变得更让人感觉适宜。

乡村景观和城市景观是相互比较而存在的，乡村景观是指城市景观区域以外的景观，即在地域上两者没有交集，只有在与城市的比较下才能正确地认识乡村景观。因此，乡村景观与城市景观从某种程度上讲是两种差异较大的景观类型，这个差异主要体现在其自然属性上，自然性是乡村景观的主要特性。

城市景观以人为景观为核心，而乡村景观则是以自然环境为核心。随着城市的发展，虽然乡村受到经济以及城市景观的影响，加入了较多的人为景观。但从根本上说，乡村景观其本身仍保持着以自然属性为主的本质景观属性。当乡村景观受到的人为影响超过本身的限度后，乡村景观则会出现各种各样的问题，这就要求进行人为干预，对乡村景观进行重新调整。

二、生产性和自发性

乡村景观是人们以低能耗成本满足进行生产、生活和居住的需要而在土地上进行完善、修正和创造形成的，是在与自然不断较量、试探过程中产生的综合体，反映了人对自然的依存和适应。这种行为本身是以生产、实用为功能目的的，因此，生产性是其最基本的特点。所以说，乡村景观并非天然形成的，乡村景观的形成是人工和原始自然结合产生出来的第二自然，其既可以体现出大自然的欣欣向荣，又能体现出亲切宜人的田园风光，具有自然和人工的双重审美性。

乡村景观某些局部或许还带有使用者的主观意愿，但最终形成的整体却是一种"集体无意识"的形态，因此，传统乡村景观的形成具有自发性。正是由于这一属性，乡村景观本身就有其自身生长、演变的过程。它本身所体现的地貌条件、植物条件、文化内涵和历史文脉也都是属于这个地块本身的"自然"，是一种自然而然，因而也具有一种乡土性或者说地域性的特点。它主要按"自然力"或"客观力"的作用，遵循有机体成长原则，没有人为统一的规划思想驾驭，而以功能合理、自给自足、适应经济和地域条件为准则。

三、公共性和广泛性

乡村景观通过各构成要素的组合为以农民为主的人群提供休闲娱乐、生产生活等功能，兼具改善乡村生态环境的作用，所以说乡村景观可以满足人们的生活、生产、文化等多项功能的需求。

乡村景观的公共性意味着乡村景观的公众性，即乡村景观与人类距离的亲近性、可达性和融合性远远高于城市景观，不但体现在人与人、人与自然、自然与自然关系的亲近性，也体现在每个村民都是乡村景观的参与者和所有者。这意味着由乡村景观所产生的各种经济、社会利益都是属于村民共同所有的。

乡村景观的广泛性是指在幅员辽阔的中国存在众多区域，每个区域都存在着不同的乡村景观类型。平原乡村景观、泽地乡村景观、沙漠乡村景观、丘陵乡村景观、山地乡村景观等，其景观组成、景观现象各不相同，景观具有多样性。

乡村景观是建立在聚落、农作物、自然环境等物质资源基础上的景观类型，还包括饮食文化、宗教信仰、生活习俗等人文资源和各种经济资源、社会资源等。

因此，乡村景观涵盖的内容十分广泛。广泛的乡村景观内涵使其涉及的学科数量庞杂，包括人类学、宗教学、土地学、生态学、民俗学等，所以研究乡村景观是个系统性的工程。

第四节　乡村景观的价值

乡村景观作为分布最广的一种景观形态，其具有的价值不容小视。一方面作为农产品的生产基地，乡村景观满足了广大人民最基本的物质需求；另一方面作为最原始的景观风貌，蕴含着最浓郁的田园气息，乡村景观满足了大多数人"回归自然"的心理需求；同时，乡村景观还拥有独特的乡土文化气息，是优秀中华文明的传承者。因此，乡村景观有着较丰富的经济价值、文化价值以及景观美学价值，是集生产、环境服务和文化支持等多种功能于一体的复合景观系统。

一、经济价值

乡村及乡村景观具有较为可观的经济价值，人类直接从农业劳作中获得所需要的基本生活资料，人类的衣食住行都直接或间接与乡村有着密不可分的联系，因而乡村对人类而言具有特殊的重要性，表现在其生产性上。生产性也是人类对乡村景观价值的第一动因，可以从两个方面理解：首先，我国是农业大国，乡村作为主要的农产品生产基地，提供了丰富的物质产品，满足了人民的基本需求。其次，丰富的乡村景观为乡村旅游带来契机，以及由此带来的附属产业，如农家乐的餐饮业、景观丰富的观光农业等，为农民带来收益，促进经济的发展。乡村景观的经济价值，是农民增产增收和农村经济发展的重要方面，成为解决我国"三农"问题的新途径。

近年来，随着我国产业结构的调整，农业在国民生产总值中所占比重有所下降，在这种情况下，现代休闲方式促进了乡村旅游的发展。乡村景观经济价值若想得到较好的发挥，需要改变传统农业分散耕种和经营的模式，充分利用现有的科技水平，以现代农业园区为依托，实现规模化生产经营，集耕种、配销、推广、旅游观光于一身，积极拓展现代观光农业的种植范围与内涵，最终实现农业生产的产业化与现代化，同时也给乡村景观发展带来新的模式。

二、文化价值

在全球化的背景下，中国文化不可避免地要与其他文化发生碰撞和冲突。面临着全球化的挑战，中国文化该何去何从？事实上，文化的冲突自人类文明产生以来就已经存在。一种文化存在的前提就是，它有着与其他文化相区别的"质"，即内在规定性，即特征。特征就是差异，差异就是矛盾，有矛盾就意味着存在冲突。因此，各种文化之间无时无刻不在发生着碰撞和冲突，只不过这种碰撞和冲突不是非此即彼那样绝对的排斥，而是一个通过碰撞和冲突达到相互吸收融合的历史过程。正是这种文化冲突和融合汇聚成的"历史合力"，才有力地推动着人类文明的进步与发展，成为人类文明进步的基本形式。

在此背景下，乡村景观的地域认知价值和文化历史价值显得尤为重要。乡村景观是具有特定景观行为、形态和内涵的景观类型。乡村景观具有浓厚的地域特色。乡村景观深刻地体现了地域精神、场所精神和文化精神。乡村景观最大限度地体现了地域内人们的生产生活、社会文化的价值观。乡村的民俗民风、饮食服饰、语言宗教，都蕴含着我国传统文化的精髓，体现着丰富多彩的区域特色。

与城市文化相比，乡村文化多是传统文化的积淀，乡村和乡村景观是人类文化的基因库，保留了人类最为淳朴自然的原文化。

三、生态价值

乡村景观的生态性源于人和自然共同作用的结果，如气候类型多样性、河流类型多样性、土壤类型多样性、周边植被类型多样性、耕种农作物类型多样性、农耕文化多样性等，进而形成了乡村景观类型的多样性、农渠道路的多样性，最后表现为生产力水平和生产利用方式的多样性、经济效益的多样性等。

在城市化进程中，生态环境问题日益严重，也凸显出乡村生态的重要性。乡村生态系统的特殊性在于它既是自然生态的一部分，也是人工生态的结果；在人与自然互动过程中形成的独特生态文化、理念渗透在乡村生产和生活的方方面面。

乡村生态系统是一个完整的复合系统，它以村落地域为空间载体，将村落的自然环境、经济环境和社会环境通过物质循环、能量流动和信息传递等机制综合作用于农民的生产和生活中。因此，乡村生态系统的结构相应包含三个子系统——自然生态系统、经济生态系统和社会生态系统。这三个子系统在各自层面上相对完整但并不相对独立，而是彼此交织、相辅相成，共同维持着乡村生态系统的稳定运行。生态文明视角下的乡村，承载了中国传统文化中"天人合一"的生活哲学，哺育着人类田园牧歌式的生活理想。自然、自足、自养、自乐，是乡村生活的最大魅力；顺应自然、有限利用资源、可持续发展以及智慧产业，则是乡村发展最宝贵的思想财富。因此，新型的城乡关系，一定是尊重城乡差异基础上的互补；而美丽乡村建设，是把乡村建设得更像乡村，而不是用城市替代乡村，或在乡村复制城市，乡村景观所体现的生物多样性、景观丰富性和各种要素的协调性反映自然生命有机的联系。在这个万物各按自然本性存在的世界里，一切都是自然而然、欣欣向荣和美好的。

四、景观美学价值

乡村景观的审美，或称乡村环境美，是人类最早对自然的依赖和情感诉求。

乡村风景，往往以色彩、线条和空间基底构成一个大尺度、纯粹而单一的形式，同时乡村是一个集生产、生活、休闲为一体的混合多元体和复合体。乡村景观的美学价值主要表现在以下两个方面。

（一）色彩美

乡村有着墨绿的丛林，湛蓝的河水，色彩缤纷的花朵。到了秋冬季节，山体的颜色可谓一个调色板。姹紫嫣红的群山带着非常浓烈的色彩装。在乡村景观中，景观色彩是重要的元素，它天然地依附在整体环境上。其中，自然环境又是乡村景观色彩营造中最基本的构成要素。自然环境是形成乡村景观的基底。由于乡村所处地域的温度、湿度、降水等气候条件的不同，也使乡村的自然景观色彩不同。自然景观的山色水景体现出了景观色彩的自然韵味。乡村中植被种群丰富，多样化的植被物种增加了村落空间场景序列。在乡村景观营造中，采用本土自然植物作为植物景观配置，可最大限度地反映该村落植物景观的地域性特色，凸显乡土自然原始色彩的本土气息，提高乡村景观的辨识度，让乡村景观在色彩上显得自然、灵动、活泼。

（二）空间美

在乡村景观中，人工景观集中地表现在村庄的空间规划和组织中。尺度精巧的村庄聚落内部构造是集中展示人工景观与自然景观结合的最佳典范。自然宜人的公共空间环境、井然有序的建筑空间布局，具体到住宅间相互关系、滨水建筑处理、驳岸与河埠码头的形式、庭院的绿化、建筑用材等，整个物质环境都深深扎根于本土的地理环境和文化氛围中，显示出古朴的山水观念、生态意象、宗族观点和趋吉的心理。这种审美是地域感、场所感和礼序感的综合，是人地关系和谐的产物。

乡村景观是一种复合的生态系统，是特定景观要素在时间和空间上的延续。国外在乡村景观规划方面的研究已形成了完整的理论和方法，而我国是在 20 世纪 80 年代中期以后才开始对农村生态环境和土地利用问题进行研究。随着乡村振兴战略的提出，乡村景观成为一个新的研究对象已经势在必行了。从艺术设计、经济、生态、地理学等角度开展对乡村景观的研究，非常必要。

第二章　乡村景观的构成

从物质构成角度，乡村景观可以分为物质性景观要素和非物质性景观要素。

物质性景观要素包括自然环境要素、半自然半人工的环境要素和人工化的环境要素。地形、地貌、植被、水体、动物、气候等属于自然环境要素，它们是乡村景观的基底，是乡村景观的核心景观特征，也是乡村景观形成的原始基因。乡村景观中的农业景观是半人工化的自然景观，包括农田建设、水利设施、养殖、种植等，它使乡村景观呈现出浓郁的自然外表。乡村景观的人工化的环境要素是指在人工干扰自然景观过程中，在自然环境景观的基底上塑造和建设的可视景观要素，主要指乡村的聚落、建筑、道路、娱乐设施等。

乡村景观的非物质性景观要素也称为软质景观要素，是人类在长期与自然环境相互作用过程中，在了解自然、认识自然、感受自然、利用自然、适应自然、改造自然和创造生活的实践中所形成的乡村环境观、生活观、道德观、生产观、行为方式、风土民情和宗教信仰等，涉及乡村经济、政治、社会、宗教等方面的社会价值观，以及维持乡村文化传承的民俗民风、饮食服饰、语言宗教等文化要素。

第一节　乡村景观的物质要素

一、自然景观

严格来说，自然景观是指未经人类干扰和开发的景观。事实上，在乡村地区，纯粹意义上的自然景观已经变得越来越少。因此，这里说的乡村自然景观是指基本维持自然状态、人类干扰较少的景观。所谓自然景观，包括山体、水体、地形地貌、植物等，它是乡村景观的一个重要组成部分，为乡村人文景观的建立和发展提供基础条件，是构成乡村人文景观的自然基底。

自然景观是乡村景观的核心要素，在乡村景观中占较大的比例，对乡村的发展也起着决定性的作用，有时其本身的独特组合就会形成特色显著的乡村景观。自然环境仍然在很大程度上限制着乡村景观的营造拓展，自然要素在很大程度上决定着乡村景观的特性，其地位是不可取代的。

（一）地形地貌

地形地貌是地表的形状和特征，并直接或间接地影响着其他生态要素特征的形成，它是乡村选址、建设和发展所要重点考虑的因素。乡村地貌既是乡村景观发展的依托，又给予乡村景观一定的制约，从高山、丘陵、岗埠、盆地，到平原、江河湖泊，丰富多样的自然地形地貌构成了乡村自然生态环境的主要特征，形成了不同的乡村风貌。

（二）地质

地质是指土地的自然基地，它是由土、石构成。乡村景观的发育生长是在一定地域空间里扩展的，乡村用地的自然形态、地貌状况、生态环境以及乡村用地的工程地质、水文地质等自然因素都影响着乡村景观空间结构的具体表现形式。同时，丰富多样的地质构造机理，也可形成富有特色的大地景观。因此，地质也应是乡村景观考虑的因素之一。

（三）气候

特定地域的气候要素（如降水、阳光、温度、湿度、风向等）是相对不变的因素，它对乡村景观整体空间结构、布局、人的生活方式乃至建筑材料的供给均有着极其重要的影响。气候要素对乡村景观有着许多方面的影响。例如，太阳高度角是确定建筑日照标准、日照间距、朝向的主要依据。影响乡村景观的一个重要因素就是风向，为了减轻有污染的工业对乡村外部环境的污染，一般工业区应布置在常年盛行风向的下风向。不同地区的湿度若相差很大，对工程的设计与施工会带来不同的影响。

著名建筑师欧金斯认为，作为自然环境的基本要素，气候是乡村景观的一个重要参数，气候越特殊就越需要规划设计来反映它。可以说，特定地域气候的要素是该地域范围内乡村景观的主要决定因素之一，一旦恰当地处理了气候要素的影响和作用，就能赋予乡村景观空间结构和布局形态一种独特的表现形式，进而塑造出一种富有艺术魅力的乡村景观特色。

（四）水系

水是人类生产和生活必不可缺的生态资源。选择水量充足稳定、水质优良的水源对乡村景观的发展有着重要的作用；同时，城市内的水体也是城市形象和景观的重要成分。复杂的地形使水体落差大、流速快、瀑布多、蜿蜒曲折；而随着季节涨落的水体则更独具壮观、秀丽的动态美。

乡村景观中的自然景观也为乡村经济的腾飞、生态环境的稳定、乡村社会和谐安定以及乡村文化的传承有序提供了丰富的物质基础。

二、农业景观

农业活动是人类最基本的生产活动，以农业（农、林、牧、副、渔）为主的生产性景观是乡村景观的主体，是乡村景观的主要表现，是农村景观区别于城市景观和其他景观类型的关键。

农业景观属于第二自然景观的范畴，是乡村地域范围内的第二自然景观，是整个大自然的一部分，是农村基础自然状况的反映。第二自然景观的形成是以生产和实用而不是以视觉和美学为目的，但往往是顺应并融合了第一自然景观而产生的，而且与人类的活动联系在一起，体现了人与自然和谐共生的关系，这一类自然景观具有文化和历史的价值，在大多数情况下以农业景观的面貌出现，如田野和牧场，在有人类活动的地区，这类自然景观占有的面积最大。

农业景观是人类在大地上劳作所留下的烙印，是因地制宜改造自然的结果。人类活动改造后的景观最终还是要受到当地自然条件的限制，从而具有地方特色。这就是农业景观的地域差异，每个地区的人们根据不同的自然地理条件因地制宜地进行农业生产，形成不同的农业景观特征。而且，不同的生产内容也会形成不同的农业景观。

（一）农业景观的历史分类

农业景观因农业发展的时期、地域差异和生产内容的不同会呈现出不同的景观特征，对乡村景观特征的形成起着重要的决定作用。

农业景观的外表反映了基本的社会环境状况。从世界范围看，农业生产大体上经历了原始农业、传统农业和现代农业三个阶段，但不同地区的发展由于历史、地理等条件的不同而有所差异，所呈现出来的农业景观特征也有所不同。

原始农业是农业起始阶段的农业类型，即迁移农业。在寒带地区、温带地区和热带地区都实行这种农业形式。原始农业类型的特点是农业生产工具落后，生产水平低下，因而只能靠自然力去恢复地力。表现在耕作制度上，有轮垦制或烧垦制。这种刀与火的种植方式，一般称为"刀耕火种"。这类轮歇丢荒的耕作制度是极其粗放的土地利用形式。土地不断更换，都在村落附近进行，所以不需要村落搬迁。这种原始的农业生产种植方式至今仍然保留在非洲等热带雨林地区。

由于各地的自然环境不同，其所耕种的作物、生产方式也不同，形成各有特色的农业类型。在土地利用方式上，东西方传统农业是存在差异的。我国传统农业在春秋战国时期，通过深耕细作等方法提高了土壤的利用深度与广度，增加了地力，消除了农田空闲的时间，农田可以连年种植，甚至一年两种或三种。这种进步使北方的旱作农业的单位面积产量大增。但是南方水稻种植农业发展缓慢，原因是采用"火耕水耨"法，与北方旱作农业相比，水稻的产量很低。东汉时期，南方水稻种植技术由撒播法变成育种移栽法，使水稻生产有了突破性的进展。

欧洲农业属于短期休闲农业的敞田制。短期休闲农业并不是作物轮种，而是以采取土地定期休闲的办法来维持地力。采用二圃或三圃耕作制，将种植业与畜牧业结合在一起。三圃耕作制是指将土地分为三个区：一个区用于冬种小麦和黑麦；第二区用于春种大麦和燕麦；第三区休闲作为牧场，以发展养殖业。农民的村落一般坐落在耕作区的接合部，便于往来和耕种，建造方式多为土墙草顶，质量差，各户住房密集，村中有教堂、磨坊等。

随着铁制农具的出现和应用，原始农业进入传统农业阶段，改变了只靠长期休闲、自然恢复地力的状况。传统农业是一种生计农业，进行农业生产的人们为了自己的生存而进行劳作。传统农业水平低、剩余少、积累慢，其劳作受环境条件的影响大。按照农业生产的特征，传统农业可以分为旱作农业、水稻农业、地中海农业和游牧农业。旱作农业以小麦为主，主要分布于温带大陆和亚热带干旱的山地和高原。水稻农业因喜高温潮湿，分布于热带和亚热带地区，分布于中国的南方、东南亚和南亚地区、非洲和南美洲等地区。地中海农业因夏干热、冬多雨的地理环境特点，盛产小麦、大麦、油橄榄和葡萄，所以此地酿酒业发达。游牧农业是干旱地区以放牧食草动物为生的一种自给自足的农业类型。它主要分布于亚热带和温带极其干旱的草原和荒漠地区。

现代农业与传统的自给自足的生计农业不同，它的产品不是以供给自己消费为主要目的，而是作为商品进入市场以获得利润为目的。所以，现代农业也称为商业农业。现代农业是工业社会中工业和科技迅速发展的产物，是工业部门为其提供大量的物质和能源的农业，是在20世纪初采用机械、化肥、农药和水利灌溉等技术的农业形式。现代农业的类型主要包括种植园、谷物农业、牲畜育肥农业、乳品业、市场园艺农业和大牧场六种，现代农业景观与传统农业景观相比发生了很大的变化。

（二）农业景观与乡村、农业的关系

原始农业是人们较早研究的文化景观现象之一。首先，农业景观奠定了整个乡村景观的基础和框架。乡村景观区别于其他景观的关键，就在于乡村中形成以农业为主的生产性景观、粗放的土地利用景观，以及乡村特有的田园文化、田园生活与风光。乡村景观中的这类生产性景观决定了乡村景观的整体意象，也是决定大地景观面貌的主要方面。以农业为主的生产性景观和粗放性的土地利用，具有田园文化和田园生活的乡村景观的最显著特征。乡村是乡村景观研究对象的地域和空间载体，是乡村社会、经济、文化的体现。乡村与农业是紧密相连的。农业格局、农业生产方式以及农业种植种类都对乡村景观产生直接的影响。乡村的首要特点就是农业生产。

其次，乡村是由村民组成的，乡村是村民在长时间生活、劳作中形成的特定居住形式、生活文化和行为方式。村民的生活水平、生活方式以及价值都能通过乡村景观表现出来。良好的自然生态环境，不仅是农业生产的基础，也构成了乡村优越的生态环境，是乡村发展最宝贵的思想财富。

农业景观是人类最基本的生产活动创造出来的一种特有的大地艺术景观，也是自然与人工长期互动的结晶。它包括三个层面的内容：生活层面、生产层面和生态层面。其中，生产是生活的基础，农业则是生产的内容，乡村农业景观的主要景观内容便是农业种植。

三、乡村人文景观

人文景观要素，也可以称为人工景观要素，反映乡村区域的社会、文化、历史、经济等的发展状况，是人类长期与自然相互作用而产生的物质因素，它是乡村景观最重要的组成要素，如交通工具、建筑物、服饰、街道等。在乡村景观中，人文景观要素可分为活动性要素和相对稳定性要素两种类型，活动性要素主要指可以移动的人工和人造环境要素，包括交通工具等；相对稳定性要素是指不可移动的人工环境因素，包括聚落、建筑、道路、桥梁、公共设施等。在乡村景观中，由于不同人工要素的比重、组合方式和质量的不同，构成了形式各异的乡村景观。

乡村聚落是最直观地能让人看到的物质景观，它是各种景观元素的综合体。从地理学角度讲，聚落是景观生态学在尺度上的一种空间地理形态，具有特定的板块、路径和基底形式；从社会学角度讲，乡村聚落承载着当地人们生活的历史和生活方式的变迁；从建筑艺术角度讲，聚落更加注重建筑空间的构成与组合，乡村聚落主要包括人工化的建筑物、构筑物及人工设施，它承载了人们的生产和生活，为人们提供了居住、休息、娱乐的空间及场所。

自然环境中的气候、水文、地形、植被等因素影响聚落的形态结构、文化特征和发展变化，乡村聚落中的建筑形式、空间格局和物质形态对地理环境具有显著的依赖性，可以说乡村聚落的社会结构、经济发展、文化传统等都是自然因素和人文因素综合作用的反映。

第二节　乡村景观的非物质要素

乡村景观的非物质要素主要包括社会要素、文化要素和经济要素，是无形的反映。

一、社会要素

社会学家认为，人们的行为要受到习惯、道德、规范和法律的约束和指导，创建乡村的公共空间环境作为一种社会行为也要受到习惯、道德、规范、法律和制度要素的影响。一个国家的制度对社会经济生活的影响是强制性和持久性的。

乡村景观中的社会要素是指在乡村发展过程中，乡村人与人形成的以血缘和地缘性为基础的社会关系。它影响乡村的空间布局与经济发展，包括乡村人的行为活动内容和乡村社会关系类别。

乡村景观中社会要素的作用和特性主要体现在以下两方面。

1）乡村景观中的社会要素就是以人为基础的社会行为和社会关系，它构建了乡村文化形态和经济发展模式，引导并控制了乡村的空间类型。因此，它对乡村社会的发展变迁有着积极的推动作用。不协调的乡村活动与乡村社会关系，将导致乡村社会出现不稳定的局势和乡村经济的倒退，阻碍乡村的发展。只有通过对人的行为活动进行科学合理的限制和引导，才能有效避免该问题和矛盾的发生与激化。

2）乡村景观中的社会要素能够减少乡村社会空间的破碎度。乡村景观中的社会要素以人的行为活动和社会关系为核心，它关注乡村人的社会交往、学习交流、沟通联络、文化信仰和风俗民情。协调的社会要素、科学的社会关系可以进一步促进人们的互相了解与沟通，可以增强人们的观念与信仰，削弱社会冲突产生的思想基础，增强乡村社会的完整度。

二、文化要素

乡村景观中的文化要素是指乡村发展过程中以自然要素为物质基础的人类活动经过长期的演变而逐渐形成的历史文化、风俗民情、社会道德、价值观和审美观等要素。文化景观是附着在自然景观上的人类活动形态，是人类为了满足某种需要，利用自然界提供的材料，在自然景观之上叠加人类活动的结果而形成的景观。

社会可以看作是某些占据一定疆域能够自我维系的人类集群，他们以一种系统的方式交往，拥有自己或多或少的特色文化和制度。文化或许按照"人类学"的理解较为妥当，即一种独特的生活方式，它不仅通过艺术和知识，而且通过制度和日常行为表达了一定的意义和价值观。在城镇空间研究中，关于社会文化因素对乡村空间的影响，有以下三个方面的内容：一是社会关系可以通过空间而得到建构，如基地环境特征可能会影响居住区形态；二是受到空间的制约，如物质环境可以促进或阻止人的行为；三是以空间为媒介，如隔离阻力促进或者抑制各种社会实践的发展。由此可见，乡村建成环境可以影响人类行为和社会生活方式；反之，人类行为和社会生活方式将影响乡村空间尺度的塑造。乡村占据一定的地域空间，人们的行为方式、社会生活模式大致相同，体现了同一地域空间的社会均质性，而在不同乡村生活的人则具有不同的社会特征、观念和行为。社会生活模式的地域性空间特色，体现在自然生态环境、社会文化背景和经济条件等方面，反映了人们的社会需求和价值取向。在长期的社会生活实践中，特定地区人们的生活模式与地域环境形态取得契合，使不同规模的乡村具有各自独特的社会生活模式。随着时间的推移，社会生活模式也随社会经济、技术、文化的发展而改变。因此，正确理解社会生活模式对乡村空间尺度的积极影响，有利于塑造具有地域性空间特色的乡村环境。

文化是人类文明特有的产物，它作为人类发展进程的信息载体，是整个人类社会的历史缩影。长期以来，生活在不同地域的人们，由于所处的自然及人文环境的差异，逐渐拥有了自己独特的发展历史及地域文化。乡村作为历史文化的载体，集中地体现了一个国家或民族的文化积淀。作为乡村发展的象征、历史文脉的体现和文化特色的反映，对观赏者、游览者，更主要的是对于生活在这里的人们来说，会具有独特的艺术魅力和审美作用。

我国传统思想文化中的"天人合一"，将天、地、人看作是一个统一的整体，有很强的乡土观念。由于乡村与城市长期处于分离状态，村民的传统意识根深蒂固、文化素质偏低等使现代化的乡村文明难以扩展、渗透到乡村。乡村作为城乡文化交流的重要媒介，随着城乡交流的深入，现代生活方式和价值观念、意识等必将向农村快速扩散，形成兼具城乡文化特色的乡村文化，对乡村的发展产生积极的推动作用。

乡村景观中文化要素的作用和特性主要体现在以下三方面。

1）乡村景观中的文化要素是协调乡村人与自然关系的重要媒介，它是人类活动在长期适应自然、利用自然以及改造自然的状况下而形成的物质文明成果，它既反映了自然的精神，也反映了人类文明的成果。所以，乡村人文景观具有古朴的自然性和人文性，是二元属性的结合，是乡村人与自然关系和谐的重要媒介。

2）乡村景观中的文化要素是人工化的物质要素，人们通过对文化物质要素研究、利用和改造，能够把握乡村深层次的地理特征和历史文化内涵，研究当地的人文地理的特点与特色，有针对性地提出具有建设性的意见和方针，指导乡村经济和文化建设的可持续发展。

3）乡村景观中的文化要素具有公共性，属于全部村民所有。这也说明了文化建设的难度和综合性。文化是一个抽象的概念，它表现在所有的社会结构、经济形态和物质要素中，脱离了经济、生态和社会，文化就不存在。文化是一种精神，贯穿于社会的所有层面，文化精神如果得到改变，社会经济就会有震动性的改变。

三、经济要素

乡村空间环境的发展除受非经济要素的影响外，主要还受经济要素的影响。乡村景观中的经济要素是乡村经济发展的基础和主要推动力，乡村经济发展又是乡村发展的根本推动力，因此，乡村景观中的经济要素也是乡村发展的主要推动力。

只有在乡村经济要素的推动下，乡村文化以及乡村社会才能得到持续发展。

乡村景观中的经济要素主要包括乡村土地利用模式和乡村发展模式等。土地利用模式是乡村经济发展状况的重要指标，乡村土地利用模式主要包括以农耕为主的粗放型模式、旅游模式、现代农业模式、多元密集型土地利用模式等。随着乡村景观中自然资源的开发和利用，与乡村经济相关的旅游业、生产业等都得到了快速的发展。

乡村景观中经济要素的作用和特性主要体现在以下两方面。

1）乡村景观中的经济要素为乡村文化的传承和社会发展提供了动力和保障。乡村景观中的经济要素推动了乡村经济快速稳定的发展，在发展的同时，乡村景观中的经济要素为乡村文化的传承提供了经济基础，并使其能够得到应有的保护和开发。

2）乡村景观中的经济要素是社会资源与自然资源协调分配的重要手段。乡村景观中的经济要素在带动乡村经济快速发展的同时，也对乡村的自然和社会资源进行了二次分配，这就使乡村的自然和社会资源都能够更好地为村民服务，切实改变村民的聚居环境，并为满足村民的各种精神需求提供良好的保障。

第三章　乡村景观规划设计理论

　　景观学（landscape studies）是研究景观的形成、演变、发展及其特性，并且以此为依据进行环境保护、创造与管理开发生存环境的学科。景观学是关于户外空间设计的科学和艺术，是一门建立在广泛的自然科学、社会科学、人文艺术学科基础上的综合性学科。它涉及气候水文、地形地势、地理环境等自然要素，也包含人工建筑、传统风俗、民族信仰、思维方式等人文要素，是一个地域综合情况的反映。景观学是一个通过理性分析、归纳、演绎综合，进行环境的规划布局、设计改造、管理开发和保护恢复的实践活动，它是一个建立在广泛的自然科学和人文社会、艺术基础上的涉及多学科、多领域、多角度、多元化的综合的复杂的应用性学科，其核心是协调人与自然的关系。景观规划的目标和可持续发展的目标是一致的，其支撑理论主要包括生态学、美学、材料学、历史学、心理学、生理学、行为学等学科理论。

第一节　景观生态学

　　景观生态学（landscape ecology）是一门新兴的建立在生态学、地理学、生物学基础上的综合性的交叉学科。德国区域地理学家特罗尔于 1939 年首次明确提出"景观生态学"的概念，标志着景观生态学成为一门独立学科。特罗尔认为景观生态学是将航空摄影测量学、地理学、生物学、生态学结合在一起进行研究的综合性学科。国际景观生态学对景观生态学的定义是：景观生态学是对于不同尺度的景观空间变化的研究，包括景观的结构形态、异质变化、肌理及生物、地理和社会的形成原因与系列构成，它无疑是一门连接自然科学和相关人类科学的交叉学科。

　　景观生态学研究的重点是在大尺度的空间和时间框架下，对生态系统的空间格局和生态过程与演变的研究，主要是对异质景观格局和过程的关系以及它们在不同空间尺度下的相互作用的研究。景观生态学的研究还包括景观生态过程临界点、不同景观形态、景观指数、景观尺度对生态过程的影响以及对景观格局和生态过程的预测、判断和评估。这些景观生态学的理论雏形，奠定了景观生态学理论的发展框架和基础。

　　景观生态学从地形地貌的空间形态入手，视角比较宏大，空间尺度研究辽阔，其理论核心集中体现在：景观空间格局，景观生态过程与发展，景观生态的边界理论，人类活动对于格局、过程与变化的影响，尺度和干扰对景观的作用。景观生态学有以下三个主要的研究内容：对不同景观单元或生态系统类型、多样性及空间关系的景观结构研究；对景观结构与生态学过程之间相互作用和景观结构单元之间相互作用的景观功能研究；对景观在结构和功能之间关系的景观动态研究。景观结构、景观功能和景观动态三者之间相互依赖、相互作用，景观结构在一定程度上决定景观功能，而景观结构的形成和发展又受到景观功能的影响。

一、景观结构与功能原理

20 世纪 80 年代，美国生态学家理查德·福尔曼着重研究较大尺度上不同生态系统的空间格局及其相互关系，提出了斑块—廊道—基质模式。

（一）斑块

斑块是指在外貌与周围地区（基质）具有相对异质性，在外观上不同于周围环境，具有一定内部均质性的非线性空间形式。斑块是景观空间比例尺度上所能见到的最小的均质单元，是具有特定组成要素、斑块形态特征、生态系统特性和人类干扰形式的完整有机体。斑块可以是有生命的形式，也可以是无生命的形式；仅从狭义的角度（即生物学的角度）理解，斑块只指动植物等生物群落。由于斑块的起源和变化过程不同，它们对物质、能量、信息、物种分布和流动会产生不同的作用，从而形成大小不同、形状各异、数目多寡、类型多样及格局丰富的斑块。在乡村景观中就形成了以农田、林地、山地、果园、湖泊、聚落等为主的斑块体系。

根据不同的起源与成因，常见的景观斑块可分为四种类型。①残留斑块：指受大面积干扰后残存下来的局部未受干扰的自然或半自然斑块，如火烧、虫害、水淹等产生的残余斑块。②干扰斑块：也是由于人为或自然干扰，但只是因为局部性干扰而造成的小面积斑块。例如，飓风、冰雹、雪崩、泥石流、病虫害、火灾、动物践踏与取食、树木枯死等自然干扰都会造成干扰斑块；森林砍伐、垦荒、围田、采矿等人类活动亦可造成干扰斑块。虽然干扰斑块与残留斑块形成的原因相同，但二者性质不同。③环境资源斑块：由环境资源条件的不均匀分布而造成的自然斑块，如森林中的沼泽、冰川活动留下的泥炭地、沙漠中的绿洲等。自然环境资源条件包括土壤类型、水分、养分以及与地形有关的各种因素，斑块中的生物不同于周围的基质。由于自然环境资源的空间分布格局具有相对稳定性，斑块寿命较长，周转速率很低，斑块与基质间的生态交错区可能很宽。④人为引入斑块：由人类有意或无意将生物引进一个地区而形成的斑块，或完全由人工建立和维护的斑块，如种植园、鱼塘、菜园、农田和聚落等。

1. 斑块的大小

斑块的大小是指斑块规模或面积。物质和能量交换流动等多种生态过程都会影响斑块内部生境、斑块与基质或其他斑块间的物种。

斑块的大小是景观中各种生态系统相互干扰和演替作用的结果。不同大小的斑块承载种类不同的物质、数量不等的能量，但是它们不是线性的相关关系。斑块内部和边缘在物质和能量储存上存在差异，小型斑块的边缘比例高于大型斑块。

大型斑块存在于内部环境，边缘物种和内部物种能够共存，因此（比小型斑块）包含更多物种。另外，在营养级位序较高的物种数量方面，也是大型斑块高于小型斑块。有研究表明：大型斑块具有更高的生物多样性。大型斑块可以形成更大、更长的生物链，形成更高级的顶端生物，所以相对于小型斑块可以承载更多的物种；小型斑块则不利于多样性物种的生存，但由于其面积小巧，更利于底端生物的生存，而且便于灵活布置，在规划开发中也是必不可少的。在景观斑块规划中要大小结合，才能有利于生物群落的生存和发展，才能形成完善的乡村景观功能。一般地，斑块越小，单位面积斑块的边缘长度越长，斑块越易受到外围环境或基质的干扰，斑块与周围其他景观要素间物质交换越强烈，斑块的稳定性就越差。所以，采用斑块内部面积与边缘面积的比率（内缘比）反映斑块的特征。

2. 斑块的形状

斑块的形状影响边缘与内部生境的比例，从而影响斑块的物质、能量和物种的分布，对于物种扩散和动物觅食起着重要作用。从狭长形到圆形，从平滑边界到回旋边界，分析斑块的形状旨在认识物种分布的稳定性、扩展、收缩和迁移的趋势，甚至推断物种的迁移路线。

理想的斑块形状要能满足不同的生态功能，即生物的生存机能。这种理想的斑块形状要包含核心区和边缘区，边缘区要能和周边环境发生作用，要形成触角与周边的环境进行能量的交换和作用。功能简单的环境适用于简单形状的斑块；功能复杂的环境，适用于不规则形状的斑块。例如，正方形和圆形斑块适用于平原地区耕地、草地和林地；长条形或不规则形斑块则适用于有坡度的和起伏不平，或是不规则地带的景观形式。

3. 斑块的数量

斑块的数量是受到环境生态过程的影响而产生的又一景观特征，它同时也对区域生态过程产生了影响。对景观中斑块数量的研究主要包括以下四个内容：群落类型或生态系统类型；景观中各斑块的起源类型；各斑块面积的大小及相应数量；斑块的形状类别。景观斑块大小等级及其分布是分析景观干扰水平的主要数量指标。

不同人对形成一个景观生态系统的最少斑块数量有不同的看法。福尔曼认为，在景观环境中要想形成一个最小的生态系统，至少需要 3 个大斑块的存在，而盖姆和肯（1984）则认为至少需要 9 个斑块。

（二）廊道

廊道是指外观上不同于两侧基质的带状或线性区域，是形状特化的斑块，也称作走廊。廊道的起源与斑块相似，也分为以下几种类型。①干扰廊道：道路、动力线，带状采伐带。②残余廊道：采伐保留带，为动物迁徙保留的植被带。③环境资源廊道和人工廊道（种植廊道、再生廊道）：河流、山脊线、谷底动物路径，防护林带，人工树篱，沿着栅栏、城墙自然长出的树篱。廊道或呈隔离的条状（公路、河流），或与周围基质呈过渡性连续分布（更新过程中的带状采伐迹地），廊道两端又与大型斑块相连。廊道可以分割景观，同时景观又被廊道联系在一起，即廊道具有双重作用——对物种的迁移和过滤作用。例如，河流是许多鱼类和其他水生生物的迁移通道，但又阻碍一些陆地生物和人类的迁移。廊道还可成为某些物种的栖息地，对周围环境构成影响。

廊道是联结斑块的重要桥梁和纽带，影响着斑块间的连通性及其功能。廊道是景观生态网络结构的重要组成部分，廊道本身的连续性和稳定性能够调节景观破碎化对生物多样性产生的负面影响。廊道的作用主要有运输、保护、观赏和承载资源。

按照不同标准，廊道有多种分类方法：按照廊道与周边景观要素的垂直高度，可分为低位廊道和高位廊道；按照几何形态，可分为线状廊道、带状廊道和河流廊道；按照成因，可分为人工廊道与自然廊道；按照功能，可分为河流廊道、能流廊道和物流廊道等；按照廊道的宽度，可分为线状廊道和带状廊道。以下仅简单介绍线状廊道、带状廊道和河流廊道。

1. 线状廊道

线状廊道是由边缘环境组成的狭长廊道，其物种主要由边缘物种和广布物种组成，没有内部物种存在。常见的线状廊道有道路、铁道、堤坝、沟渠、输电线、树篱、动物迁移保留廊道或草本灌木带。

2. 带状廊道

带状廊道是指含有丰富内部物种和内部环境的较宽条带。线状廊道与带状廊道的基本生态差异主要在于宽度，带状廊道较宽，每边都有边缘效应，足可包含一个内部环境。常见的带状廊道有采伐保留带、高压线路和宽的树篱等。

3. 河流廊道

河流廊道是指沿河流分布与周围基质不同的植被带。完整的河流廊道由水道、河床、河岸植被组成，其宽度随河流大小而变化，河流廊道的宽度变化具有重要的功能意义。河流廊道控制着水、矿质成分的径流，可以减少洪水泛滥、淤积和土壤肥力损失。乡村廊道以河流、高压走廊、防护林最为典型。河岸植被由于具有特别重要的功能，被认为是最需要保护的景观元素。

廊道结构从横断面看，一般由一个中央区和两侧的边缘区构成。廊道结构特征一般用曲度、连通性、结点等来反映。曲度是指廊道中两点间的实际距离与它们之间的直线距离之比。曲度对沿廊道的移动影响较大。一般而言，廊道曲度越小，移动距离越短，阻力越小，移动速度越快。连通性是指廊道的连续程度，一般以单位长度廊道中断数量来度量。廊道有无间断是影响廊道通道和阻隔作用的重要因素。结点是指两个廊道的连接处或一个廊道与斑块的连接处。结点在景观管理与规划中非常重要。例如，河流急转弯的凹面常出现一片泛滥平原，两条公路交叉处有重叠植被。

（三）基质

基质是指景观中的背景地域，也称为背景、本底、模地、基底等，是景观中分布最广、连续性最大、面积最广、优势度和连接最高的景观要素。控制景观动态是基质的根本特征。基质在景观上起着重要作用，主导景观的基本性质，在整体上对景观动态有很大的影响。景观分析往往从最下面的基质特征分析入手，因为基质是景观中的背景和基底。乡村景观中常见的基质有林地基质、农田基质、居民点基质等。基质具有面积上的优势，在空间上有高度的连续性，同时还对景观的动态起着支配作用。在区域中，基质的面积相对较大，一般说来，它用凹性边界将其他景观要素包围起来，在所包围的斑块密集地，它们之间相连的区域很窄。

目前，基质的判断标准主要包括相对面积、连通性和动态控制作用。

1. 相对面积

当景观中某一要素比其他要素所占有的面积大得多时，从逻辑上说这种要素类型就可能是基质，因此，基质中的优势种也是景观中的主要种。面积最大的景观要素往往控制景观中的流。面积是基质在景观中作用大小的重要指标。因此，采用相对面积作为定义基质的第一条标准，通常基质的面积应超过现存的任何其他景观要素的总和，或者占总面积的50%以上。

2. 连通性

当两种景观要素面积相当时，连通性较高的类型，或者当景观中的某一要素（线性或带状要素）连接较为完好，并环绕所有其他现存景观要素时，均可判定为基质。基质是景观中连通性最好的景观要素。例如，具有一定规模的树篱等，它们从物理、生物、化学的角度起到防风、防火、屏障生物流动等作用。当连接成相交的细长条带时，景观要素可以起到廊道的作用，便于物种迁移和基因转换。

3. 动态控制作用

动态控制是指景观要素对景观动态变化的起点、速度、方向起主导和控制作用。从生态意义上看，对景观的动态控制作用是判断景观基质最重要的标准。当相对面积和连通性这两个因素难以对景观基质进行判别时，考察某种景观对当地生态环境的控制作用就显得尤为重要。基质对景观动态的控制程度较其他现存的景观要素类型要大。

简单而言，斑块是在景观空间比例尺度上的最小异质性单元；廊道是指不同于两侧基质的狭长地带，也可以看作是一个线状或带状斑块；基质则是景观中范围广阔、面积最大、同质且连通性最强的背景地域。在乡村景观中，大片农田就是基质，而各种斑块和廊道镶嵌其中。在乡村景观中，往往没有在面积上占绝对优势的土地利用类型，所以斑块、廊道和基质的划分具有很大的相对性和不确定性，在实际的区域上，基质与斑块之间又是可以相互转换的，即使是使用尺度的概念，要确切地区分斑块、廊道和基质也是十分困难的。一般来说，先计算全部景观要素的相对面积和连通性：如果某种要素的面积比其他要素的面积大得多，就可以确定为基质；如果经常出现的景观要素面积大体相当，那么就把连通性最高的视为基质；如果利用相对面积和连通性还不能确定出基质时，就要进行观测或获取有关物种组成和景观历史特征信息，看看哪种景观要素对景观动态具有控制作用。

景观的功能以景观的结构为基础，景观功能的实现要求景观具有协调有序的空间结构。不同的景观空间结构会具有不同景观类型，表现在不同生态系统的机制运行中，产生不同的景观功能。景观元素是景观单元的基础，景观是若干生态系统组成的生态综合体。斑块、廊道、基质是景观生态学用来解释景观结构的基本模式。它们的组成特征和基本结构是景观中各生态系统作用的前提，这些景观要素对景观多样性、景观异质性、生物多样性等生态过程和现象具有深刻的影响。

从乡村景观区域空间组合模式来看，结合现存区域地形特征，在村落、农田、道路和自然类型组成的有机组合中，主要有以下几类景观模式。

1）栅格状空间镶嵌模式。主要是平原地区的村落景观模式，呈均衡状布局，道路呈几何网状分布。

2）鱼脊形镶嵌模式。多形成于谷地、山坳地形，以线状道路、河流为轴线，向两侧呈带状分布，景观的通达性差距较大。

3）星状镶嵌模式。在山地、丘陵或破碎的地形，众多小村落围绕大中心，并通过大中心辐射周围状交通网络通达各处。

二、景观格局

景观格局是指景观要素在景观空间内的配置和组合形式，是景观结构与景观生态过程相互作用的结果。在长期的景观生态过程作用下，特定景观要素类型、数目以及空间分布与配置，不同景观要素空间排列和组合形式，不同景观结构成分间空间关系，总呈现出一些基本的规律，符合特定模式，通过分析能够掌握其本质特征。

景观格局是景观形成因素与景观生态过程长期共同作用的结果，反映景观形成的过程和景观生态功能的外在属性。福尔曼曾根据景观的结构特征，划分出五种景观格局，即规则式均匀格局、聚集格局、线状格局、平行格局、特定组合或空间连接，这五种景观格局随着斑块分布构型的不同，其对应的基本生态过程也不同。

（1）规则式均匀格局

规则式均匀格局是指某一特定属性的景观要素在景观中的空间关系基本相同、距离基本一致的一种景观格局，如林区长期的规则式采伐和更新形成的森林景观、平原农田林网控制下的景观等。

（2）聚集格局

聚集格局是指同一类型的景观要素斑块相对聚集在一起，同类景观要素相对集中，在景观中形成若干较大面积的分布区，再散布在整个景观中。例如，在丘陵地区的农业景观中，农田多聚集在村庄附近；华北山地林区和南方丘陵浅山地区的各类森林斑块相对集中，聚集成团。

（3）线状格局

线状格局是指一类型的景观要素斑块呈线性分布，如村庄沿公路和河流的分布、耕地、河岸植物带、公路和铁路沿河流的分布等。

（4）平行格局

平行格局是指同一类型的景观要素斑块呈平行分布。例如，宽阔河谷河流两岸的河岸带、各级阶地农田和高地植被带呈现平行分布格局。

（5）特定组合或空间连接

特定组合或空间连接是指景观中一种景观要素出现与另一种景观要素出现的一种相关联格局。正相关空间连接，如城镇与道路相连接，稻田与河流或渠道相连接；负相关空间连接，如平原稻田区很少有大片林地出现。

据景观结构特征将景观划分为散布景观、网络状景观、指状景观和棋盘状景观四种格局。

（1）散布景观

在散布景观中，基质相对面积、斑块大小、斑块间距离、斑块分散度是反映景观格局特征的基本参数。基质相对面积对景观中某些物质的源区和汇区功能影响很大。大面积的周围干旱地区会使湿润绿洲斑块变得干燥，农区的大量居民获取薪材资源将使分散的片林日益萎缩。

（2）网络状景观

在网络状景观中，廊道密度、宽度、连接度、网络路径、网眼大小及结点大小和分布对各种生态过程的影响显著，平原农区的粮食生产、土壤侵蚀和退化取决于防风林带的宽度和连通性；动物在景观中的活动无疑受廊道网络连通性的影响；河流廊道和河岸植被带的结构和分布状况影响河流的水文和水质特征。

（3）指状景观

在指状景观中，相邻生态系统相互作用强烈，边缘总长度大，有利于边缘种的生存。例如，在农田与森林交错的指状景观中，农田中的家畜会妨碍森林更新，而森林中的草食动物也会影响农田中的农作物。

（4）棋盘状景观

在棋盘状景观中，景观的粒度、网络的规则性或完整性以及总边界长度都是主要结构特征。景观的粒度大小决定内部物种多度和生物多样性，细粒景观包含更多的边缘种；棋盘格子的规整性控制着生物体在景观中的移动和定居。

当干扰呈相对离散且随机发生时，景观斑块的格局往往也是随机的。但景观格局也会影响干扰的效果，当景观中各斑块相对隔离时，干扰传播的阻力也相对较大，景观中斑块格局特征与干扰状况间是互为因果的关系。

三、景观异质性与生物多样性理论

景观异质性表现为由空间分布的不均匀性而产生的时空耦合异质性。一般认为，景观异质性是指在景观中对一个物种或更高级生物组织的存在起决定作用的资源在空间或时间上的变异程度或强度。法里纳（1998）认为景观异质性包括以下三种类型：空间异质性、时间异质性和功能异质性。空间异质性包括水平异质性和垂直异质性，但景观生态学主要集中在对水平异质性的研究。

由于景观系统特征不同，景观异质性包括景观结构组分和景观组分（植物、动物、生物量、土壤养分等）的差异，即要素异质性。由于格局、功能以及生态过程的时空差异与变化，景观异质性随景观组分出现的频率变化而变化。

基于不同的出发点有不同的分类类型：宏观异质性（空间端点上的异质性）、微观异质性（内部生态因子的异质性）；空间异质性、时间异质性、时空耦合异质性和边缘效应异质性；功能异质性和基质异质性。

景观异质性的形成机制来源于景观自然地理特征和气候因素的空间分异，生物群落的定居和内源演替，自然干扰以及人为活动的影响。地理分布、地形地貌、海陆分布、地质水文等自然物理条件的空间变异，是景观异质性形成的基础，也是其他因素叠加的基础，是景观异质性的决定因素。异质性形成的重要动力机制，导致景观要素类型的多样性和空间关系的多样性，这是景观异质性的重要来源。干扰可改变景观格局又受制于格局。自然干扰有规律，可预测，可通过干扰格局来描述。相对而言，人为干扰规模大、缺乏规律、难以预测。

生物多样性一般是指地球上生命系统中的所有变异，是生物和它们组成的系统的总体多样性和变异性。生物多样性是生物与环境相互作用的一种自然现象，是生命进化的产物。生物多样性有以下四个层次：遗传（基因）多样性、物种多样性、生态系统多样性和景观多样性。遗传多样性主要指种内不同群体间（两个隔离地理种群间）及单个群体（种群）内不同个体间遗传变异的总和，也称基因多样性（gene diversity）；物种多样性是指地球上动物、植物、微生物等生物种类的丰富程度；生态系统多样性是指特定地域内生态系统的类型及其生态过程和生态关系的多样化和复杂化；景观多样性是指特定地域内景观要素及其空间结构类型、格局、过程的变异性和复杂性。

景观异质性导致生物多样性。景观处于初始化状态时（异质化程度低）对遗传多样性的影响不大；在一定程度内，随景观异质性的增加，生境多样性将提高，种群丰富度增加，物种基因交流频繁，遗传多样性增加。景观异质性越高，物种多样性也越高。景观异质性增加，生境多样性也随之增加，生态系统多样性也随之增加。

另外，景观异质性与生物多样性存在相互促进的关系，即景观异质性高有利于生物多样性的保持，而生物多样性高也有利于景观异质性的维持。

四、岛屿生物地理学理论

岛屿生物地理学是生物地理学的重要组成部分，已经成为保护生物学中自然保护区建设的主要理论依据。生物学中的岛屿是指为了保护动植物的栖息地所建立的自然保护区和国家公园，被周围的农田、工厂、城市所包围的地区，许多生物赖以生存的生境，高山、自然保护区、溪流、山沿以及其他边界明显的生态系统、林窗，甚至叶片，都可以看作是大小、形状、隔离程度不同的岛屿。岛屿生物地理学的核心内容是研究物种丰富度与栖息地面积及岛屿栖息地与外界隔离程度的关系，因此，岛屿生物地理学广泛应用于岛状生境的研究，成为自然保护区规划、设计的理论基础。岛屿化的原因包括人类活动、自然景观片段化和地质活动。

在气候条件相对一致的一定区域内，岛屿上物种的数目会随着岛屿面积的增加而增加，开始时增加迅速，物种数量的对数与岛屿面积的对数呈线性关系。当物种的数量接近该生境所能承受的最大数量时，增加逐渐停止。随着面积的增加，物种多样性增加的效果在岛屿要比连续生境内明显。每个岛屿的物种数都有一个平衡密度，岛屿面积越大，物种平衡密度越高。不管目前物种数多于平衡密度还是少于平衡密度，岛屿上的物种数总是不断地趋向于平衡密度的。任何岛屿上的物种数都处于一种动态的平衡之中，这种动态平衡是由于新的物种不断迁入和原有的物种不断消失所维持的。岛屿上的物种数量在年与年之间是相对稳定的，但是物种的组成成分是不断变化的。

五、尺度效应与自然等级组织理论

尺度是指在研究某一物体或现象时所采用的空间单位或时间单位，同时又可指某一现象或过程在时间和空间上所涉及的范围和发生的频率。尺度可分为空间尺度和时间尺度。在景观生态学中，尺度以粒度和幅度表达。空间粒度是指景观中最小可辨识的单位所代表的特征长度、面积或体积。时间粒度是指某一现象在时间上发生的频率或时间间隔。幅度是指研究对象在空间上所涉及的范围、时间上持续的长度。在讨论尺度问题时，必须将粒度和幅度进行区分。一般而言，从个体到种群到群落到生态系统到景观到全球，粒度和幅度是逐渐增加的。

大尺度是指在大空间范围或长时间的幅度，对应小比例尺、低分辨率；小尺度是指小空间范围或短时间幅度，对应大比例尺、高分辨率。某一景观在某一尺度下可能是十分均质的，但在另一个尺度下就可能是异质性的。某一景观在某一空间或时间尺度下可能是十分稳定的，但在另一个尺度下就可能是不稳定的。因此，景观是有明显的尺度效应，研究景观结构、功能及其动态变化都要受到尺度的制约，离开尺度讨论景观是没有意义的。

等级理论是 20 世纪 60 年代发展起来的，是关于复杂系统的结构、功能和动态的系统理论。等级系统是一个由若干层次所组成的，具有垂直结构和水平结构的系统。根据等级理论，复杂系统具有离散性的等级层次。一个乡村景观通常由社会系统、经济系统和自然系统组成。根据等级理论对于复杂系统的研究，可以通过简化，以便能够对它的机构、功能和行为进行研究和预测。许多复杂系统，包括景观系统在内，大多可以看作等级系统，将其分解成不同层次，分别对不同层次进行分析，再综合起来反映整个复杂系统的特征。处于等级中高层次的行为或动态常表现出大尺度、低频率、慢速度的特征，而低层次的行为或动态则表现为小尺度、高频率、快速度的特征。不同等级层次之间还有相互作用的关系，即高层次对低层次有制约作用，而低层次则为高层次提出供给机制和功能。

六、生态区位理论

景观生态建设具有更明确的含义，它是指通过对原有景观要素的优化组合或引入新的成分，调整或构造新的景观格局，以增加景观的异质性和稳定性，从而创造出优于原有景观生态系统的经济效益和生态效益，形成新的高效、和谐的人工-自然景观。生态区位理论和区位生态学是生态规划的重要理论基础。

区位本来是一个竞争优势空间或最佳位置的概念，是一个区域的数理地理位置（即经纬度位置，又称天文位置）、自然地理位置（即海陆位置、地形位置、气候位置以及河湖、海岸线等轮廓位置）、经济地理位置（如与周围地区的原材料供应、产品市场等方面的联系）、政治地理位置（如邻国）、人文地理位置的综合。

因此，区位论是一种富有方法论意义的空间竞争选择理论，一直是经济地理学的主流理论。现代区位论还在向宏观和微观两个方向发展，生态区位理论和区位生态学就是特殊区位论向两个重要微观方向发展的理论。生态区位理论是一种以生态学原理为指导，更好地将生态学、地理学、经济学、系统学方法统一起来重点研究生态规划问题的新型区位论,而区位生态学则是具体研究最佳生态区位、最佳生态方法、最佳生态行为、最佳生态效益的经济地理生态学和生态经济规划学。

从生态规划角度看,所谓生态区位,就是景观组分、生态单元、经济要素和生活要求的最佳生态利用配置;生态规划就是要按生态规律和人类利益统一的要求,贯彻因地制宜、适地适用、适地适产、适地适生、合理布局的原则,通过对环境、资源、交通、产业、技术、人口、管理、资金、市场、效益等生态经济要素进行严格的生态经济区位分析与综合,合理进行自然资源的开发利用、生产力配置、环境整治和生活安排。因此,生态规划应该遵守区域原则、生态原则、发展原则、建设原则、优化原则、持续原则、经济原则七项基本原则。目前景观生态学的一个重要任务,就是如何深化景观生态系统空间结构分析与设计,并发展生态区位和区位生态学的理论和方法,进而有效地规划、组织和管理区域生态建设。

第二节　景　观　美　学

景观美学(landscape aesthetics)是通过美学原理研究景观艺术美学特征和规律的一门学科。1750 年,德国哲学家鲍姆嘉登把美学看作一门独立的科学,命名为 aesthetics,这个词来源于希腊文的名词,是有感觉或感性认识的意思。它把美学看作与逻辑是对立的。逻辑研究的是抽象的理性思维,美学研究的是感性思维或形象思维。但是不等于此前没有美学思想,人类有了历史就有了文艺,有了文艺就有了文艺思想或美学理论。

美学实际上是一种认识论,所以美学历来是哲学的一个附属部分。不同时期、不同人们的认识论是不相同的,所以他们的美学思想也不尽相同。我们在认识论上以马克思的认识论为指导和依据,所以景观美学涉及景观的观赏主体、观赏客体以及主体对客体的景观审美意境三方面的内容。景观美学的研究包括以下两部分内容:一部分是作为客体对象的景观实体所具有的艺术形式,即按照客观美的规律研究景观实体;另一部分是主体对景观客体的美的感受,即人的审美情趣。

从景观最初的含义可以看出,景观就是指野外自然的乡村环境。随着景观概念的延伸和发展,人们把凡是视觉内出现的具有美好形式的景物都称为景观。随着大气污染、能源危机、恶疾蔓延,人们又开始向往乡村平静而恬淡的田园生活。乡村的景观美又向人展示了另一面,那就是自然本性所蕴含的精神和美,而且乡村景观中村落、街道、农田也是符合美学的构成原则,它依然符合对立统一、平衡均匀、节奏韵律的艺术法则。

一、景观美

美学是关于艺术的哲学,是对艺术形式、艺术规律、艺术感觉进行研究的学科。康德认为,美学是对审美鉴赏力的判断。美学可分为对美的研究和对美感的研究。古代美学偏向于对美的研究,认为美是事物的性质,是事物本身不随主观变化的内在属性;近代美学的研究对象发生了变化,更加注重对美感的研究,所谓美感是指主体对外在事物认识的情感和态度。

景观美学的研究对象可以分为以下四种。一是以景观的艺术性为研究对象。景观美学的研究范围和内容只限制在景观的艺术性层面上,而忽略景观的自然性、技术性、工程性的属性,景观的艺术性是不能离开景观的技术性的,艺术性要以技术性为基础。二是以景观美为研究对象。把景观美作为独立于人的单独实体,认为景观美可以单独存在,是景观所具有的属性,不依赖于和依附于主体的人。三是以人的审美经验为研究对象。只强调美的情感经验性描述,而忽略了景观美是一种现象的积累,不是逻辑理性的阐述。四是以景观审美活动为研究对象。因为景观审美活动的各个方面构成了景观审美的研究对象,如景观美的生成机制、表现形态、审美规律、审美主体的心理要素和客体审美属性等,因此,景观审美活动是景观美学的逻辑起点。

景观审美的本质具有主体性、超功利性和感性,具有普遍性。景观审美是区别于景观认识活动的,又区别于景观实践活动的一种情感价值活动。景观美不是预成的、静态的,它是生成的,景观美来源于客体,取决于主体,立足于主体活动,景观美是景观的审美属性与人的审美需要在审美活动中契合而生成的一种价值。景观美强调主客体之间的生成性和意向性的联系与沟通,是主体与客体之间的意向生成。景观美的表现形态包括造型美、内涵美和意境美。造型美也叫形式美、物象美,是指通过建筑山水、植被所产生的美。通过这种形式,挖掘景观的内在性格和风格,就是内涵美,也叫意象美。通过联想进行升华,然后达到意境美。

（一）自然人工美

景观既包括自然景观,也包括人工景观。美首先是源于自然的,在人与自然的沟通中,人们寻求一种物质的载体和形式来表达对自己的认识和态度。这种载体可以是人工化的也就是艺术,作为艺术形态的景观是不同于自然的,它是一种人工化景观,同时人们也可以在邂逅中产生美的享受和情怀,所以景观美可以在自然环境中触发,也可以在人工环境下产生。也就是说,无论是自然环境还是人工环境,人都会产生美的感受。构成景观美的要素是多元的,景观的内容可以是多样的,形式也是多变的。可以说,所有外在于人的一切都是景观的内容,凡是可以与人之间产生审美活动,形成审美情趣的都具有景观美的属性。

1. 山水地形美

自然景观都有具体的形态美,能给人以直观的视觉美感,山本身形态万千,水也有其形态美，江河湖海、小溪飞瀑，各有各的形态美，同时自然地形也给了人们进行景观再造的基础和条件，包括地形改造、堵水筑坝、引水开渠、砌石筑山、开石凿洞等，利用地形的变化形成景观的脉络与骨架，依山就势、因地制宜，这是中国传统园林的重要造园手法，宜山则山，宜水则水，宜渠则渠，景观要巧于因借。这是对自然形态的尊重，也是自然景观本身的精神。

2. 天象美

天象美是指自然气候季相之美。自然的环境和气候，如花红叶绿、光风霁月、蓝天白云、雪雨寒霜等自然景色，"因日影之常形""因烟霭之常态""阴阳晦暝，晴雨寒暑，朝昏昼夜，随形改步"等气候，人们可以在四季变化、一日周转中发现大自然的形态变化和韵律，也触动着人们的情感。利用这些不同的天景，人们有意创造了许多景观，如听风松涛、夕阳暮雨、晓寒霜花等。

3. 人工环境美

在景观中，建筑是最大的一类艺术形态。建筑不但具有功能性，它的外在形式也传达了美的形态和气质。不同的民族具有不同的建筑形态，传达了不同民族之间的美学观念和思想形式。建筑艺术具有自身独特的美学特征，可以单独作为一种景观艺术形态，也可以作为一个景观要素，同周边环境一起构成景观美的元素，共同体现民族文化和时代特征。环境中的一些小品设施（如柱廊横匾、摩崖石刻、浮雕木刻、喷泉华表、图腾牌匾）等无不彰显着人类文化的精华。同时，景观中的一些工程设施也可以具有美的特征。同建筑一样，这些设施形态的功能性和艺术性也可以进行较好的结合。例如，传统的都江堰水利枢纽、三峡大坝各种跨江大桥等都具有良好的艺术表现形式。景观中这些形态都具有明确的象征、纪念、比喻的意义，有的会传达民族精神和民族文化，从它们的体形、线条、色彩上，建立观赏者的情感认同。

4. 联想意境美

联想是人进行艺术欣赏时的先天能力，即弦外之音、触景生情。联想是景观美产生的机制，人具有共同的心理构成，所以也会有相似的联想形式，形成主体间共同和共通的体验形式。通过联想进行升华，然后达到意境美，这是景观美的最高层次。人具有联想、想象的先天能力，但是这种先天能力必须在经验中才能实现，所以景观只是赋予人一种体验的可能，在与景观的体验性沟通中，美的意识、美的观念、美的判断和美的情感才能形成。同时，景观的形式中蕴含着多少的可能性体现了景观美的价值和意义。意境美是景观审美活动的升华，是心物相应、神形聚合，是主客观情景交融的艺术境界。

自然美和人工美的区别首先在于形式的不同，自然美在形状、色彩、质感、声音上的特点，是多样、多变、曲折、隐晦、不稳定、破损的，给人的情感多是浪漫的、颓废的。人们对自然美的欣赏也多是因为其形式的新奇和多变。人工的景观形式相对而言就稳定得多，具有了很大的均衡性和完整性，所以在景观形式上也多是平衡、稳重、均匀的。

（二）生活环境美

首先，景观是人生活的场所。海德格尔认为人要定居下来，就要在环境中能辨认方向并认同环境。所以，定居的真正意义是指生活发生的空间，即场所，场所才是具有清晰特性的空间。景观是人们定居的具有场所精神和意义的环境。这是景观与人之间关系的哲学解释。

其次，乡村景观环境作为人的生存环境，要保证"生产发展、生活宽裕、乡风文明、村容整洁、管理民主"的总体要求，乡村环境要能保持青山绿水，要空气清新、卫生清洁，要民风淳朴、恬淡自然。只有这样的乡村环境才能实现人的安身立命和对乡村的精神表达，才能实现天地人的和谐。

再次，乡村景观环境要有方便的交通和安全的治安环境，完备的服务设施和廉效的管理体制，要能和睦乡邻，鸡犬相闻。村民拥有劳逸结合的生活和便捷的生产，要"老吾老，以及人之老；幼吾幼，以及人之幼""不独亲其亲，不独子其子"。

乡村的生活美，是乡村优良民俗民风的延续，中国自古的仁义礼智信、忠孝节勇和，都在乡村的民俗民风中得到很好的体现。中华民族的优良传统和优秀品质都在民俗民风中绵延流淌。我们对一个民族精神的体验和热爱，就是对其民族文化和民族特征的欣赏。

（三）艺术美

艺术美是美的一种客观存在形式，但是艺术美并不是作为一种实体而存在的。现实只有经过加工、凝练、重造和再现，上升到艺术形态才能实现美的意义和价值，人们才能通过这种艺术形态更加直接、圆满、通达地实现对自然的理解，实现对自我情感的表达。艺术美具有贯通性、无目的性、非功利性等特征。艺术一定要通过一定的产品来表现美的情感。也就是说，艺术是美的物态实现形式，可以满足人们的审美需要。

现实生活的美与艺术美是两种不同的形态。现实的社会生活和存在为艺术的实现提供了内容，人的主体先天能力和审美理想提供了美的实现形式，艺术是要进行创造想象来反映现实生活的，如发挥人的听、触、看的联动能力，同时艺术的技术性也要受到现实性的制约。所以艺术作品从来都是主客统一的表达形式，是主客之间的创作和协调的过程。艺术美的具体特征表现如下。

1）艺术的基本特征是它的形象性和具体性。美是一种判断或是一种认识和价值，它不提供具体的形象，人必须把对美的情感把握通过形象来表达，这就是艺术。这种形象有物质的、听觉的、嗅觉的、触摸的之分。

2）艺术形象具有典型性、综合性和代表性。创造艺术形象的目的是要能引起人的美感，所以艺术不能对现实进行直接的描述和映射，它要对现有的素材进行综合、提炼、归纳、组织、安排，这种处理要围绕它的情感来表达要求，使人得到美的享受。所以说，艺术不同于生活，它既来源于生活又高于生活。

乡村环境作为公众无意识的作品具有时空综合艺术美的特征。无论是生产还是生活的场景，都能够体现时间和空间艺术美的特征和规律。这种美更加体现了人们之间的共同性和共通性。

二、形式美

形式美包括形态美和内在美两个方面。形态美主要指材质肌理美、声音色彩美、体态美和线条图形美。它是从事物的物理属性的角度进行的划分。形式美的法则是艺术美的普遍规律，是人们先天的审美心理和生产生活的实践相互结合，发现并积累的经验总结，是形而上的归纳和总结，具有一定的普遍性、必然性和规定性。它是艺术表现形态所遵守的规律，是在人类的社会实践和意识形态的相互作用下形成的并不断得到完善。

（一）多样与统一

多样和统一是最为普遍的、使用基本形式的美学法则，自然万物和整个宇宙都为这一法则所包含。在艺术作品中，各种因素的综合作用使形象变得丰富而有变化，但是这种变化必须要达到高度的统一，统一于一个中心或主题部分，这样才能构成一个有机整体，统一中含有协调。美是多种数量比例关系和对立因素和谐统一的结果。多样与统一的法则是堆成、均衡、整齐、比例、对比、节奏、虚实、从主、变换等形式法则的集中概括，它是各种艺术门类必须共同遵循的形式美法则，是形式美法则的高级形式。

（二）尺度与比例

任何艺术作品的形式结构中都包含着比例和尺度。有关比例美的法则中，公认古希腊时发现的黄金分割具有标准的美的感觉。在景观设计中，比例包含两方面的含义：一是指景物、建筑物整体或某局部本身的长、宽、高之间的大小关系；二是指景物、建筑物整体或某局部之间的大小关系。

尺度是指景物、建筑物整体和局部构件与人或人所习见的某些特定标准之间的大小关系。运用尺度规律进行设计的方法有以下几种。①单位尺度引进法，即应用某种为人所熟悉的景物作为尺度标准，来确定群体景物的相互关系，从而得出合乎尺度规律的园林景观。②人的习惯尺度法。习惯尺度是以人体各部分尺寸及其活动习惯尺寸规律为准，来确定风景空间及各景物的具体尺度。例如，亭子、花架、水榭、餐厅等尺度，就是依据人的习惯尺度法来确定的。③夸张尺度法，即将景物放大或缩小，以达到造园意图或造景效果的需要。

景观设计主要尺度依据在于人们在建筑外部空间的行为，人们的空间行为是确定空间尺度的主要依据。例如，教学楼前的广场或开阔空地，尺度不宜太大，也不宜过于局促。若尺度过大，学生或教师使用、停留时会感觉过于空旷，没有氛围；若过于局促，则会失去一定的私密性。因此，无论是广场、花园或绿地都应该依据其功能和使用对象确定其尺度和比例。关于具体的尺度、比例，许多书籍资料都有描述，但最好还是从实践中把握感受。

（三）节奏与韵律

节奏表示时间或空间上有秩序的连续重现。在艺术作用中，它是指一些形态要素有条理、有规律地反复呈现，使人在视觉或听觉上受到动态的连续性，产生节奏感。

节奏与韵律是景观设计中常用的手法。在景观的处理上，节奏表现为铺地时材料有规律的变化，灯具、树木以相同间隔的安排，花坛座椅的均匀分布等。一般认为节奏带有一定程度的机械美，而韵律是节奏的变化形式和深化，具有等距间隔，赋予重复的音节或图形以强弱起伏、抑扬顿挫的规律变化，产生律动感。节奏与韵律相互依存。韵律包括以下几种：①连续韵律，即有同种因素等距反复出现的连续构图的韵律特征，如等距的行道树、等高等距的长廊、等高等宽的登山台阶、爬山墙等；②交替韵律，即有两种以上因素交替等距反复出现的连续构图的韵律特征，如柳树与桃树的交替栽种、两种不同花坛的等距交替排列；③渐变韵律，指园林布局连续出现重复的组成部分，在某一方面做有规律地逐渐加大或变小，逐渐加宽或变窄，逐渐加长或缩短的韵律特征，如体积大小、色彩浓淡、质地粗细的逐渐变化；④交错韵律，即两组以上的要素按一定规律相互交错变化，常见的有芦席的编织纹理和中国的木棂花窗格。

（四）质感与肌理

景观设计的质感与肌理主要体现在植被和铺地方面。不同的材质通过不同的手法可以表现出不同的质感与肌理效果，如花岗石的坚硬和粗糙，大理石纹理的细腻，草坪的柔软，水体的轻盈。这些不同材料加以运用，有条理地加以变化，便使景观富有更深的内涵和趣味。

（五）对景与借景

在景观设计的平面布置中，往往有一定的建筑轴线和道路轴线，在尽端安排的景物称为对景。对景往往是平面构图和立体造型的视觉中心，对整个景观设计起主导作用。对景可以分为直接对景和间接对景。直接对景是视觉最容易发现的景，如道路尽端的亭台、花架等，一目了然；间接对景不一定在道路的轴线或行走的路线上，其布置的位置往往有所隐蔽或偏移，给人以惊异或若隐若现之感。

借景也是景观设计常用的手法。通过建筑的空间组合或建筑本身的设计手法，将远处的景致借用过来。例如，苏州拙政园，可以从多个角度看到几百米以外的北寺塔，这种借景的手法可以丰富景观的空间层次，给人极目远眺、身心放松的感觉。

（六）隔景与障景

"佳则收之，俗则屏之"是我国古代造园的手法之一，在现代景观设计中，也常常采用这样的思路和手法。隔景是将好的景致收入景观中，将乱差的地方用树木、墙体遮挡起来。障景是直接采取截断行进路线或逼迫其改变方向的方法来阻挡游人的视线，以激发人们的好奇心和想象力，一般用实体来完成。

（七）引导与示意

引导的手法是多种多样的。采用的材质有水体、铺地等很多元素。例如，公园的水体，水流时大时小，时宽时窄，将游人引导到公园的中心。示意的手法包括明示和暗示。明示即采用文字说明的形式，如路标、指示牌等小品的形式。暗示可以通过地面铺装、树木有规律的布置以指引方向和去处，均可给人以身随景移、"柳暗花明又一村"的感觉。

（八）渗透与延伸

在景观设计中，景区之间并没有十分明显的界限，而是"你中有我，我中有你，渐而变之"。在设计时，经常采用草坪、铺地等的延伸、渗透，起到连接空间的作用，在不知不觉中让人感觉到景物已发生变化，在心理感受上不会"戛然而止"，给人以良好的空间体验。

以上是景观设计中常采用的一些手法，这些手法是相互联系、综合运用的，并不能截然分开。我们只有在了解这些方法，加上更多的专业设计实践，才能很好地将这些设计手法熟记于心，灵活运用于设计方案之中。

第三节　环境行为学

一、环境行为学的产生

环境行为学（environment-behavior studies）又称环境心理学，是心理学的一部分，它把人类的行为与其相应的环境之间的相互关系与相互作用结合起来并加以分析。环境行为学更加注重环境与人的外显行为之间的关系和相互作用，因此其应用性更强。环境行为学是运用心理学的一些基本理论、方法与概念来研究人的活动及人对这些环境的反映，其不仅涉及心理学、行为学、社会学与人类学，也涉及建筑学、景观设计、室内设计等。

　　环境行为学兴起于 20 世纪 60 年代。人们对心理、行为之间关系的研究已有 100 多年的历史。1860 年，在心理物理学领域中，费希纳研究人的不同感觉与产生这些感觉的物理刺激之间的关系，由此发展成了实验心理学。心理物理学在物质世界与人类感知经验间架起了桥梁，为人类科学的研究提供了起点，是精神与物质世界之间的联系。19 世纪末至 20 世纪 50 年代，就有所谓的环境决定论、行为主义等带有唯物论色彩的理论，偏于实验研究。从建筑和环境本身而言，建筑师历来就十分关心它们与人的关系。1886 年，德国的沃尔芬发表了《建筑心理学序论》；1930 年，迈耶曾经尝试在包豪斯学校开设心理学及一些文化历史课。20 世纪 60 年代，在美国医院联合会议上正式提出了"环境心理学"这一术语。美国和法国学者最早研究医院建筑和外环境对精神病人的治疗与影响。美国的凯文林奇分析了城市的空间知觉。随后，霍尔和索默研究了人在城市中的心理，并出版了两本著作——《隐匿的维度》和《个人空间》。环境行为学在世界范围内的发展于 20 世纪 70 年代达到高潮。

　　环境心理学研究的是人和环境的相互作用，在这个作用中，个人改变环境，反过来，人们的行为和经验也被环境所改变。环境心理学是涉及人类行为和环境之间关系的一门学科。环境心理学的两个目标，一是了解人与环境的相互作用，二是利用这些知识解决复杂和多样的环境问题。

二、环境-行为理论

（一）唤醒理论

　　唤醒理论认为环境中的各种刺激都会引起人们的生理唤醒，增加人们身体的自主反应。唤醒是指大脑中心的网状结构被唤起，脑活动增加。唤醒其实就是激活处于"休眠"状态的各种身体活动，使它们达到活跃状态。唤醒是影响行为的中介变量和干预因素。

　　唤醒与操作间的关系，可以用耶基斯-多德森定律来解释。按照该定律的描述，操作的最佳状态是中等的唤醒水平。当唤醒高于或者低于最佳水平点，操作行为都会越来越差。唤醒和操作任务是复杂程度之间的关系，可以用一个倒 U 形曲线来表示：对于复杂任务，偏低的唤醒水平是操作的最佳状态；而对于简单任务，则需要较高的唤醒水平才有利于任务的操作。

（二）刺激负荷理论

　　刺激负荷理论又称为环境负荷或刺激过载理论。该理论主要关心环境刺激出现时注意力的分配和信息加工过程。刺激负荷理论认为：首先，个体对获得的感觉信息的加工能力是有限的。其次，当环境提供的信息量超过个体的加工能力时，就出现超负荷现象。再次，当环境刺激出现时，个体要进行判断，并做出相应的反应。如果环境刺激的强度大且在预测之外，又难以控制，那么，个体需要投入更多的注意力和分析判断能力。此外，如果个体不能确定做出哪种反应最恰当，那么就要分配更多的注意在这个刺激上。最后，个体对某个刺激的注意力不能持续不变，一段时间后注意力会暂时减弱，在这一段时间内，就出现超负荷现象，应避免定向注意疲劳症状（长时间高度注意某个目标导致注意减弱）出现。

（三）行为局限理论

"局限"是指环境中的一些信息限制或干扰了我们希望去做的事情。环境提供的信息超出了个体控制能力的范围，从而对认知活动产生了干扰。当人们觉察到对环境的控制能力丢失，首先会引起负性情绪体验，这时，个体就希望重新获取对环境的控制力，这称为心理阻抗。当个体感到行为受限制时，心理阻抗可以消除环境对行为的限制。行为局限理论还认为，当控制环境能力的恢复失败时，可能会导致习得无助感。也就是说，当多次努力重新获得控制环境的尝试失败后，人们会认为对于环境是无能为力的，于是放弃了努力，并且"学习"认识到对环境的控制是无力改变的。因此，行为局限理论认为，环境对行为的限制包含三个基本的步骤：觉察到对环境控制的丢失、阻抗，以及习得无助感。

（四）适应水平理论

适应水平理论认为人们可以通过某些机能来调整自身以适应环境。环境提供的刺激有一个最佳水平，然而，每个人过去的经验不同，所以要求的最佳水平也不一样。改变这种最佳刺激水平称为适应，当环境改变时，个体对环境的反应也随之改变。适应水平理论至少适合于解释三种环境刺激条件下的环境行为关系：环境中的感觉刺激输入、社会刺激输入和环境的改变。适应水平理论提出上述三种刺激可以在三个维度水平上发生变化：①强度；②刺激的多样性；③刺激的模式。

唤醒理论、刺激负荷理论和适应水平理论都具有一般性的特点。其中，唤醒理论的一般性最强，也就是说，唤醒理论认为，刺激的增加或减少，都会引起个体生理和心理唤醒水平的改变，因此可以推断行为将受到什么影响。刺激负荷理论的特殊性稍强一些，适应水平理论则是极具特殊性的一种理论。

在解释环境对行为的影响时，一般性和特殊性是可以交替使用的。具有一般性的理论能够解释相同环境条件下，大多数人的反应，但是却掩盖了个体差异。

刺激负荷理论具有较强的一般性，也就是说，它可以推断环境中各种因素引起的个体的生理和心理反应，但对于某个刺激源引起的反应如何，以及个体应激反应的差异却难以解释。行为局限理论是最具特殊性的一种理论。当行为局限理论认为的环境条件确实存在时，可以有效地预测这种环境下个体的行为。

各种理论在解释环境行为关系时，它们的分析水平是各不相同的。刺激负荷理论是从个体水平上分析；适应水平理论则是从个体差异的水平上来分析解释环境对不同个体所产生的影响。

（五）环境知觉理论

环境知觉可以通过两个过程完成：一是自上而下的过程，即概念驱动；另一个是自下而上的过程，即数据驱动。不同学派的心理学家从多角度解释人对环境的知觉，并建立了各自的理论，如格式塔知觉理论、功能知觉理论、概率知觉理论等。

格式塔知觉理论认为，人类天生具有感知环境的能力，我们的大脑以一种主动的方式对刺激进行建构，提出整体大于局部之和的原则。功能知觉理论强调有机体对环境的适应，即生物个体要寻找能使它们有最大程度生存的机会，这种理论也称为生态知觉理论。在知觉中学习经验的重要结果是关于我们周围环境的假设的发展，这种假设有时会导致误会知觉或错觉。

概率知觉理论，即布伦斯维克的透镜模型，是布伦斯维克用数学来描述个体知觉过程的一个模型。当对包含多维度刺激的大环境做出判断时，我们会给不同的刺激线索赋予不同的概率值，并对一系列存在的环境信息进行过滤，重新结合成有序统一的知觉。个体利用可能歪曲的信息对环境的真实特征进行可能性的判断。该理论强调知觉是一个概率计算的过程，受到个体差异的影响。

三、环境与行为的关系

（一）环境决定论

关于环境与行为的关系最早的观点是环境决定论。该理论认为人的行为完全受建筑和环境的影响。认为物理环境是唯一的，或者说物理环境是主要的行为影响因素。

（二）环境可能论

环境可能论认为环境给予人类机会，但同时也对人类的行为有所限制，环境不可能引发特定的行为或者消除某些决策；人类可以自己决定行为实现的程度和跨越环境中的障碍。环境可能论只是把环境看作引发行为的背景线索。

（三）环境概率论

环境概率论认为，虽然人类可以自由选择所处的环境，但是行为和具体的环境设计之间仍然有联系。按照环境概率论推断，如果知道个体的某些特征和其所处的环境，我们可以推测出在该情境下，他的某些行为发生的概率比在其他情境中更大。

四、环境设计要素

环境设计是运用行为科学去解决设计和建筑中的问题。对于环境设计，心理学家关心人们的需要和行为模式。环境设计的要素有以下几点。

（一）私我

私我是对私密性的保护。奥尔特曼把私密性定义为个体有选择地控制他人或群体接近自己。私我包含了两个方面的内涵：一是私我的保障可以使个体与其他人分隔开，或有可能退回到自我保护状态；二是私我可以使个体把自己的空间装饰得个人化，传达给其他人一些必要的信息。建筑设计要考虑到建筑对个体或团体私密性的保护，控制信息的视觉闯入。听觉上的私密性保护，可以用隔音和吸音材料来减少声音的传播。缺乏听觉上的私密性给个体带来的不适远远大于缺乏视觉上的私密性带来的影响。

（二）材料和颜色

颜色会影响人的行为和感受。设计景观时若不考虑颜色，会给人的健康、情绪和行为带来不利影响。一些建筑缺陷或特殊效果可以通过颜色来改变，并且改变颜色比重新改造建筑本身所需成本要低得多。颜色和温度的关系是建筑设计中研究最多的一个方面。红色和橙色给人温暖的感觉；蓝色和绿色则给人凉爽的感觉。在设计建筑时，可以利用颜色调节对空间的知觉，不同用途的房间可以使用不同颜色。另外，不同的建筑材料给人的感觉和印象也会有所不同，通过室内装修使用的材料可以看出该房间主人的社会地位、性格特点和创造性等。

（三）照明

不同的光线条件下，个体的行为和情绪都会受到不同的影响。例如，在低照明条件下，亲密性增加，说话声减小。自己是否可以调节和控制光线的明暗、视度是影响对环境满意度的一个重要因素。在不同场合，照明强度起到的作用是不同的。教室、图书馆、超市等需要明亮的光线，餐厅、酒吧等地方，灯光除了起照明的作用外，更主要的是调节气氛，可采用低亮度的照明。

（四）窗户

不同用途的房间需要设计不同类型的窗户，大窗户适合用在住宅、宿舍和图书馆，大窗户带来更多的自然光线。浴室的房间，就不需要用大窗户，玻璃要用透光不透明的，其保证私密性的设计十分重要。

（五）家具

家具及其陈设也是影响行为的一个重要环境因素，最典型的例子是教室座椅的摆放，直接影响师生间的互动和学生知识的获取。在公共环境中，家具的陈设和人类行为之间也有一定的关系。例如，医院走廊上的椅子沿墙一字排列时，病人间的交流就非常少；若改为环形摆放，则病人间的交往明显增多。家具陈设的作用更多地体现在原有建筑设计已经不能改变的情况下，家具的陈设却可以使有限的空间发生意想不到的变化。

（六）环境美感

一些研究者认为环境美学可以分为两种：一种是常规美学，它包括环境中各要素的形状、比例、复杂性、新颖性和照明等；另一种称为象征性美学，不同用途的环境设计上需要体现的意图不同。

纳萨认为，常规美学包含的维度可以细分为环境的封闭性、复杂性以及统一性。象征性美学则强调环境的自然、可维修、实用性和风格独特等特点。环境设计除了要讲究实用外，还应考虑配合和协调性，让环境给人以美的享受。

第四节　景观安全格局理论

生态安全是近年来新提出的概念，生态安全研究是从生态风险分析发展而来的，一般认为安全与风险互为反函数。通常风险被定义为一个不理想事件发生的概率及其导致的严重后果，而安全是指评价对象在期望值状态的保障程度或防止不确定事件发生的可靠性。

生态安全分析可从景观生态系统的结构、人类社会、自然复合生态系统中重要的生态过程出发，综合评估各种潜在生态效应的类型及其累积性后果。分析评价景观生态安全特征，并提出相应的防范措施，其具体步骤如下。

1）选取研究对象，进行实地考察，收集相关资料，建立景观生态风险管理目标。

2）编制景观分类系统，提取景观组分数据，分析景观生态背景。

3）辨识景观生态风险源，通过历史统计资料和模型模拟手段分析景观生态风险源的空间特征。

4）进行景观生态风险受体分析，并根据景观生态背景的差异，对景观生态格局的特征和演变进行分区讨论。

5）构建景观生态风险指数，并确定各参数，将景观生态风险值在空间上予以量化。绘制景观生态风险分区分布图，探讨其空间分布格局。

6）调整生态风险源，建立生态廊道，构建景观生态安全格局。

景观中存在着某种潜在的空间格局，它们由某些关键性的局部位置、点及位置关系所构成。这种格局对维护和控制某种生态过程有着关键性的作用，这种格局被称为安全格局（security patterns，SP）。通过对生态过程潜在表面的空间分析，可以判别和设计景观生态安全格局。景观生态规划的生态安全格局方法最早是由我国学者俞孔坚于 1995 年提出的。

安全格局组分对控制生态过程的战略意义可以体现在以下三个方面。①主动优势（initiative）：安全格局组分一旦被某种生态过程占领后就有先入为主的优势，有利于过程对全局或局部的景观控制。②空间联系优势（co-ordination）：安全格局组分一旦被某种生态过程占领后有利于在孤立的景观元素之间建立空间联系。③高效优势（efficiency）：某安全格局组分一旦被某生态过程占领后，该生态过程在控制全局或局部景观时，在物质、能量上能达到高效和经济。从某种意义上讲，高效优势是安全格局的总体特征，它也包含在主动优势和空间联系优势之中。

以生物保护为例，一个典型的安全格局包含源（source）、缓冲区（buffer zone）、源间连接（inter-source linkage）、辐射道（radiating routes）、战略点（strategic point）五个景观组分。

1）源：现存的乡土物种栖息地，是物种扩散和维持的元点。

2）缓冲区：环绕源的周边地区，是物种扩散的低阻力区。

3）源间连接：相邻两源之间最易联系的低阻力通道。

4）辐射道：由源向外围景观辐射的低阻力通道。

5）战略点：对沟通相邻源之间联系有关键意义的"跳板"。除了辐射道和战略点以外，安全格局的其他景观组分在景观生态学及生物保护学中多有论及。

一般情况下景观生态安全格局的识别分以下几个步骤。

第一步，源的确定。对于自然保护区来说，能够开展旅游的地点，原则上都可以作为景观干扰的源。它的确定是通过地形、面积、景观美景度等综合评价来完成的。

第二步，建立阻力面。旅游活动对周围的环境的干扰与破坏，是由游客在源及其附近活动的时间、强度及范围所决定的。也可以说是游客对空间的竞争性控制和覆盖过程，而这种控制和覆盖必须通过克服阻力来实现。所以，阻力面反映了游客空间活动影响干扰的范围与趋势。

第三步，根据阻力面来判别安全格局。阻力面是反映游客活动的时空连续体，类似地形表面。阻力面在源处下陷，在最不易到达的地区，阻力呈峰状突起，而两陷之间有低阻力的谷线相连，两峰之间有高阻力的脊线相连。每一谷线和脊线上都各有一鞍，它们是谷线或脊线上的极值（最大或最小）。根据阻力面进行空间分析，可以判别缓冲区、源间连接、辐射道和战略点。

1）缓冲区的判别。在景观阻力值上，可以做出其与面积的关系曲线，在一般情况下假设曲线有某些阶段性门槛（threshold）的存在。也就是说，随着缓冲区向外围的扩展，景观对游客的阻力随之增加，但这种增加并不是均匀的，有时平缓，有时非常陡峻。对应于空间格局，缓冲区的有效边界就可以根据这些门槛值来确定，这可以实现缓冲区划分的高效性。

2）源间连接。源间连接实际上是阻力面上相邻两源之间的阻力低谷。根据安全层次的不同，源间连接可以有一条或多条。它们是生态流之间的高效通道和联系途径。

3）辐射道。辐射道可以识别以某些源为中心向外辐射的低阻力谷线。它们形同树枝状河流，成为游客向外扩散的低阻力通道。这里，游客扩散被当作是主动的对景观的控制过程，而不是被动的活动对象。这对保护对象未来的发展和进化是十分必要的。辐射道可以使管理人员知道哪些保护生物易受游客冲击，因而，其在生物保护中具有非常重要的意义。

4）战略点。战略点的识别途径有很多种，其中直接从阻力面上反映出来的是经相邻源为中心的等阻力线的相切点，这对控制生态流通有至关重要的意义。

将上述各种存在的和潜在的景观组分叠加组合，就形成某一安全水平上的生态旅游开发安全格局，不同的安全水平要求有各自相应的安全格局。

第五节　可持续发展与共生理论

工业的大力发展对资源环境造成严重破坏，人们开始重新审视地球的环境资源问题，可持续发展思想就是在这个背景下产生的。1962 年，美国作家蕾切尔·卡逊创作的《寂静的春天》较早地引发了人类对自身的传统行为和观念进行比较系统和深入的反思，推动了发生在 1970 年的"美国环境运动"（地球日）及 1972 年的联合国人类环境会议的召开。1972 年，《增长的极限》引起激烈的、旷日持久的学术争论，所阐述的"合理的、持久的均衡发展"，为孕育可持续发展的思想萌芽提供了土壤。1987 年《我们共同的未来》的报告中提出可持续发展思想是人类社会发展之路，把人们从单纯考虑环境保护引导到把环境保护与人类发展切实结合起来，实现了人类有关环境与发展思想的重要飞跃，该报告提出了"从一个地球走向一个世界"的总观点，并从人口、资源、环境、食品安全、生态系统、物种、能源、工业、城市化、机制、法律、和平、安全与发展等方面比较系统地分析和研究了可持续发展的问题。1992 年 6 月，联合国环境与发展大会通过的《里约环境与发展宣言》（《地球宪章》）和《21 世纪议程》得到世界最广泛和最高级别的政治承诺，大会为人类高举可持续发展旗帜、走可持续发展之路发出了总动员，使人类迈出了跨向新的文明时代的关键性一步，为人类的环境与发展矗立了一座重要的里程碑。

1987 年在《我们共同的未来》报告中第一次明确给出可持续发展的定义：既满足当代人的需要，又不对后代人的需要构成危害。在不危害后代人的需要的前提之下，寻求满足我们当代人需要的发展途径。

一、可持续发展的内涵

可持续发展的核心思想体现在三个方面：鼓励经济增长，寻求资源的永续利用和良好的生态环境，谋求社会的全面的进步和经济发展。也就是可持续的经济增长、可持续的资源永续利用、可持续的社会的进步。

可持续发展所追求的目标是：既要使人类的各种需要得到满足，个人得到充分发展，又要保护资源和生态环境，不对后代人的生存和发展构成威胁；它特别关注的是各种经济活动的生态合理性，强调对资源、环境有利的经济活动应给予鼓励，反之则应予以摈弃。

（一）鼓励经济的可持续增长

经济发展是可持续性发展的核心，但可持续的经济发展不是指产能的增长、规模的扩大。它更注重经济发展的质量结构和效能，要利用最少的投入得到最大化的产出；从以单纯经济增长为目标的发展转向经济、社会、资源与环境的综合发展；从注重眼前利益和局部利益的发展转向注重长远利益和整体利益的发展；从资源推动型的发展转向知识经济推动型的发展；从以物为本的发展转向以人为本的发展。

要进行社会变革、提高能源和资源使用效率、倡导高质量的最佳生活模式的方案，通过技术变革使社会进步是实施可持续发展战略的重要保障。

要求经济体能够连续地提供产品和劳务，使内债和外债控制在可以管理的范围以内，并且要避免对工业和农业生产带来不利的、极端的结构性平衡。要建立自然资源账户，在 GDP 核算中要考虑自然资源（主要包括土地、森林、矿产、水和海洋）与环境因素（包括生态环境、自然环境、人文环境等）的成本，将经济活动中所付出的资源耗减成本和环境降级成本从 GDP 中予以扣除。

（二）可持续发展的标志是资源的永续利用和良好的生态环境

可持续发展的关键和物质基础是资源的持续培育、开发与利用。要求保持稳定的资源基础，避免过度地对资源系统加以利用，维护环境吸收功能和健康的生态系统，并且使不可再生资源的开发控制在使投资能产生足够的替代作用的范围之内。

一般而言，通常所说的资源是指自然资源，是自然界中能够被人类利用的物质和能量的总和，是天然存在的自然物。自然资源具有稀缺性、区域性、多用性、整体性的特征。地球上的所有资源都是有限的，并且不是均匀地分布在任一空间范围，它们总是相对聚集于某一区域，并且质量也有显著不同，各种自然资源具有提供多种用途的可能性，自然资源本身就是一个庞大的生态系统。

人类社会能否可持续发展取决于人类社会赖以生存发展的自然资源是否可以被永久地使用下去，即人类社会的可持续性发展依赖于自然资源的可持续性。也就是说，自然资源的可持续性是人类社会能否可持续发展的必要条件，只有自然资源可以被永久利用，我们才能谈到人类社会的可持续性发展，否则，人类社会的可持续发展无从谈起。

（三）可持续发展的目标是谋求社会的全面进步

可持续发展是"在生存不超出维持生态系统承载力的前提下，改善人类的生活质量"。要通过分配和机遇的平等、建立医疗和教育保障体系、实现性别的平等、推进政治上的公开性和公众参与性这类机制来保证社会发展的可持续性。发展是人类共同的和普遍的权利，无论是发达国家还是发展中国家，人们都享有平等的、不容剥夺的发展权利。发展把世界各族人民连在了一起，形成了人类命运共同体。所以可持续发展要坚持公平性原则，要保证代内、代际之间的公平和发展。只有公平和民主才能保证人类的共同发展。要尊重和关心生命共同体，坚信人类的知识、艺术、道德和精神潜力，发挥每个人的全部潜能，赋予每个人接受教育和资源、享有国际和国内资源的权利，肯定平等与公平，摒弃歧视，坚持所有人拥有一个有利于人类尊严、身体健康和精神健康的自然和社会环境的权利，重视少数民族的权利，加强民主机制，促进宽容、非暴力及和平的文化。所以可持续发展的最终落脚点是人类社会，即改善全人类的生活质量，提高人类健康水平，建立公正的、共同参与的和平民主社会。

二、可持续发展的原则

（一）公平性原则

一是追求同代人之间的横向公平性。可持续发展要求满足全球全体人民的基本需求，并给予全体人民平等性的机会，以满足他们实现较好生活的愿望。贫富悬殊、两极分化的世界难以实现真正的"可持续发展"，所以要给世界各国以公平的发展权。

二是代际间的公平，即各代人之间的纵向公平性。要认识到人类赖以生存与发展的自然资源是有限的，本代人不能因为自己的需求和发展而损害人类世世代代需求的自然资源和自然环境，要给后代人保留利用自然资源以满足需求的权利。

（二）可持续性原则

可持续性是指生态系统受到某种干扰时能保持其生产率的能力。资源的永续利用和生态系统的持续利用是人类可持续发展的首要条件，这就要求人类的社会经济发展不应损害支持地球生命的自然系统，不能超越资源与环境的承载能力。

社会对环境资源的消耗包括两个方面：耗用资源及排放废物。为维持发展的可持续性，对可再生资源的使用强度应限制在其最大持续收获量之内，对不可再生资源的使用速度不应超过寻求作为代用品的资源的速度；对环境排放的废物量不应超过环境的自净能力。

（三）共同性原则

不同国家、地区由于地域、文化等方面的差异及现阶段发展水平的制约，执行可持续发展的政策与实施步骤并不统一，但实现可持续发展这个总目标及应遵循的公平性及持续性两个原则是相同的，可持续发展的最终目的都是为了促进人类之间及人类与自然之间的和谐发展。

共同性原则包括两方面的含义。一是发展目标的共同性，这个目标就是保持地球生态系统的安全，并以最合理的利用方式为整个人类谋福利。二是行动的共同性。因为生态环境方面的许多问题实际上是没有国界的，必须开展全球合作，而全球经济发展不平衡也是全世界的事情。

第四章　乡村景观规划设计对象系统和目标

乡村景观规划设计的核心是环境空间形态设计，而它的对象——空间环境是个十分复杂的系统概念。借用钱学森对系统的定义：系统是指依一定秩序相互联系着的一组事物。系统是结构和功能的统一体。系统内部各组成要素之间在空间或时间上相互联系或相互作用。乡村景观设计对象也是由不同要素按照一定秩序和规律组成的系统。

乡村景观是由自然环境和社会环境组成的复合景观系统，具有系统的整体性和联系性的特征。所以乡村景观规划只有从区域的角度出发，以提高区域整体的效益为目标，以景观保护为前提，对乡村土地和土地上的物质环境进行整体的安排与部署，合理规划乡村景观区域内的各种体系，创造安全、健康、舒适、优美的人居环境，才能达到具有高效、可持续发展的整体乡村生态系统。

第一节　乡村景观规划设计对象的层次分析

乡村景观的形成、发展与演变是乡村历史性的积淀，乡村景观不同的物质空间层面和空间尺度层级体系是乡村不同功能演化的结果，是时间与空间的推演和聚合过程。它是乡村经济、社会文化的外延。相对于城市的空间形态而言，乡村不同空间形态的变化是较为缓慢的，表现为外部空间形态和空间尺度的相对稳定性。关于乡村景观设计的空间研究，主要有形态分析和感知分析，大致表现在以下两方面。

第一，乡村景观的时空维度。乡村的景观环境是历史演变的结果，是时空变迁的产物，因为时间和空间是人们体验环境的基本框架。时间维度不但能够形成自然变化，也体现在基于自然环境基础而产生的文化层面。乡村景观是村民与自然环境在历史的过程中"意向性"沟通中的相互指涉，所以说，在过去、现在和未来的时间流中实现了景观的自身意义。它背负了乡村环境的过去，承载了它的未来，从而在当下的时间中得到实现，它是一种集体的记忆。

第二，乡村景观的精神意义。乡村环境不仅是抽象的空间关系、结构和系统的组合，也是村民生活的场所。乡村景观集合了村民生活的历史、生产和各种事件，它是村民进行生活与自我认知的精神之所，是人们将"场所精神"视觉化的环境，它是集体无意识的记忆。可以说，不同的乡村环境是人们进行集体性共同表达的方式，这里承载了村民的文化认同、历史记忆和对未来的期望，可以说一个乡村就是一群村民的世界。乡村景观是村民的精神寄托。

一、乡村空间尺度的基本构成

景观单元的大小，即尺度范围决定了它的功能及其变化。尺度等级体系的划分关系到整个区域的乡村景观的研究、分析、规划及实施的有效性和可操作性。在景观研究中，尺度概念有两方面的含义：一是粒度或空间分辨率，表示测量的最小单位；二是范围，表示研究区域的大小。

结合我国乡村景观实际，乡村景观的尺度可以分为村域、片域、点域三个层次，也可以对应于宏观、中观和微观三个尺度等级。这种分类只是相对而言的，不同尺度的景观等级分别由主导景观功能和景观形态的要素决定。

对于乡村景观而言，影响其空间尺度的要素包括显性要素和隐性要素，显性要素主要包括地理环境要素和乡村的空间形态要素，隐性要素包括人文要素、历史文化要素和经济政治要素等。不同要素在不同尺度景观形态上的作用也各不相同。此外，人对外环境的主观体验和感受也会对空间尺度产生影响。

1. 显性要素

显性要素包括两种。第一种显性要素是指乡村地域内的自然环境和地理条件，如地形地势、气候降水、风向、土壤，它形成了一个乡村基本的生存背景和发展条件，是一个地域人文地理、政治历史、人种性格的基础。这种要素具有很长的持久性和稳定性，它是形成乡村尺度的基本要素，影响着乡村空间格局的塑造。第二种显性要素是指乡村中可见的人工化的物质形态，如耕地形态、绿化布局、农业设施、乡村街道、建筑等。

2. 隐性要素

隐性要素是基于显性要素基础之上所形成的一个地域的文化结构、社会形态、性格秉性、行为特征、生活模式、活动方式、思想观念的构成。这种隐性要素要通过一定的显性要素进行表达，第二种显性要素就是这类隐性要素的可视化的形态。

显性要素和隐性要素二者相互影响，相互渗透，互为因果，互为表达，构成了乡村空间尺度的基本网络，反映了乡村景观是一个错综复杂的系统。

二、乡村空间尺度的类型

乡村空间尺度可以有不同的划分方式，依据乡村空间形态的完整性和自治性的原则，以空间规模大小、图式上完整和轮廓线清晰为依据，可将乡村空间尺度划分为两个层级：一是乡村尺度；二是街区尺度。

乡村尺度是由自然环境、地理特征、土地利用、行政管辖和乡村生产等因素形成的乡村空间尺度，又称间接感知的空间尺度。这种空间尺度表现在地理平面上具有轮廓清晰、边际线完整的特点，在立面形式上也会结合自然文化要素，形成具有自身形式感的天际轮廓线。

在乡村尺度层面上，乡村外轮廓线，即乡村的平面形态和大小受到土地的利用方式、行政管理和自然边界线（如河流、沟渠、山崖）等的影响。乡村天际线又称乡村的立面轮廓线，是指乡村建筑物及自然要素与天空交接的轮廓线，主要受地形地势、建筑屋顶形式、高耸的标志性建筑、树木的形态等影响。乡村天际线是人们获得乡村空间意向的重要因素。

乡村尺度的空间感知需要人们进行远距离或运动性的感知，依靠图底关系进行乡村天际线、轮廓线的感知，而且这种边界线可以在较短的时间内完成。

街区尺度也可以称为直接感知的空间尺度，它是指在乡村尺度内的各个功能片区，以道路和自然分界线、绿化带、沟渠等作为边界线划分的区域。在乡村内，主要有居住区、生产区、商业区等，不同的街区之间往往界限清晰，功能明确。人们对街区的感知是直接的，包括点状的空间，如池塘、公共场所等块状的形态，线状的空间感知，如街道、水渠等。在街区空间中，街区立面是人最主要的感知要素，如建筑墙面、门窗、出入口、不同平立面的比例尺度关系等也影响人们的心理感知。其中，居住区域是乡村范围内最大的功能区，有的甚至占整个乡村面积的90%以上，居住区之间也往往有明确的尺度上的划分，它主要以道路进行划分，不同片区的形成主要与血缘、族缘相关。

乡村空间是平面尺度和立面尺度的综合。不同尺度的空间形态表现了乡村不同的自然地理和历史文化特征，在乡村的不同的街区空间中，不同的建筑样式、庭院组合方式、街道内平立面的空间尺度比例、材质和色彩都具有极大的相似性，也就是乡村自身具有较好的完整性、统一性和辨识度。这种形态特征既是人们共同文化心理形成的可视化形态，也会影响人们对一个乡村空间的认知。所以说，乡村环境是人与自然相互作用、反复磨合而耦联结合的产物。不同尺度的空间承载了不同的环境要素，不同的环境要素又影响了不同的空间形态。

依据乡村规划不同阶段和景观设计空间元素的不同尺度，乡村景观设计对象分为乡村尺度和街区尺度两个层次，实际就是对应于乡村的总体景观设计和细部景观设计两个阶段。这种分类更能明确地表明乡村规划与乡村景观设计的关系。每个阶段乡村景观设计都对下一步规划或设计起到指导作用。

（一）乡村尺度的景观设计

乡村尺度是建立在一个乡村聚落或者几个相邻乡村聚落层次上的尺度。自然环境、地理气候、土地利用、行政管辖和乡村道路等对二维平面上的乡村景观尺度产生主要影响。自然环境是乡村形成与发展的基底和积淀性的因素，如绿地、滩涂、江河、湖泊、山脉、断崖等自然要素和耕地、再生林等人工自然要素共同构成了乡村的环境背景。乡村道路是乡村脉络之间进行连接的骨架，是乡村之间进行经济、文化、生活的联系通道，对乡村整体形态和尺度大小起到极大的制约作用，也是乡村空间基本的尺度框架。同时，乡村的外部街道形式还会进一步影响乡村内部的道路布局形式，塑造了形态各异的乡村肌理，形成了整体乡村空间尺度的基本尺度框架。

由于乡村环境构成的自然要素和人工要素存在差异性，它们之间又相互作用，这就使得即使是相同人口与土地规模的乡村也会出现形态各异的空间布局。在平原地区，以方形或圆形的乡村形态为多，由于地势平坦，乡村可开发的土地资源充裕，乡村发展往往呈外延式拓展，乡村空间布局集中，塑造的整体乡村空间尺度紧凑、整齐，而对于处在山地地区的带形乡村，由于受特殊地形、地势影响，乡村可开发的土地呈零星分布，这就造成乡村空间布局松散、不集中，形成的整体乡村空间尺度自由灵活。

乡村尺度的景观设计主要是乡村空间环境的格局设计。它主要研究乡村的自然环境与人文环境资源的特色构成，研究乡村总体规划前提下乡村空间形态、乡村景观体系、开放空间、公共性人文活动系统，确定乡村总体设计轮廓和各系统环境的整体设计框架。它是乡村所在自然基地和人工开发构成的视觉框架。犹如笛卡儿坐标系体现的作用一般，宏观层面的乡村设计是乡村视觉上获得空间定位的参照系。

乡村空间环境格局的组成要素分为自然景观要素和人工景观要素。一般而言，构成乡村特色、形成使人易于感知的空间环境形态的主要手段就是利用自然地形、地貌等自然景观要素来组织乡村的空间布局。乡村中的人工景观和自然景观一起构成了人们感受空间环境的知觉框架。在优秀的乡村景观格局中，人工景观应起到强化乡村特色空间形态、丰富乡村美感的作用。在宏观层面上，人工景观的主要元素包括轮廓线（平面形态和立体空间）和聚落的整体形态。

1. 乡村轮廓线设计

乡村不是一个平面，它依靠在起伏的山丘、多姿的绿树、高低错落的建筑构成的生动空间形态之中。乡村轮廓线设计是根据乡村自然地形条件和景观、建筑特征对乡村整体建筑高度进行分区，确定建筑高度分区规划的布局。对于历史文化名城或乡村中某些传统建筑保护区，更要慎重研究建筑高度的层次划分与布局。乡村轮廓线设计还包括对自然地形和植被的保护利用，乡村的入口、江湖河海和它的制高点、观景视线所及的天际线、竖向轮廓的设计。

2. 乡村路网系统设计

在进行乡村路网系统设计时，应从空间环境质量角度提出乡村的路网、线形、性质、交叉口及断面空间要求和主要街道的发展原则。对于交通性道路，以行车尺度、速度为参照进行空间环境组织，使之有助于展示沿途区域的景观形象。步行区则要与行人在乡村的活动轨迹、活动特征相吻合。

（二）街区尺度的乡村景观设计

在乡村范围内，各个主要的功能区自然划分成一定的区域，形成乡村内部的整体肌理，形成这种肌理的主要因素便是乡村内的道路，道路对乡村内部进行了再次的区域划分，形成了不同块状的区域形态和线状的街道空间，可以称之为街道尺度的乡村景观。它包括两个层面的意义。一是指聚落内部街区的空间格局，它往往成片状或块状，依据功能划分的不同，不同片区之间存在功能上的联系和互补关系。乡村的主要功能就是居住和生产，而乡村各个功能区并不是严格按照功能划定的。往往在居住环境中也渗透着生产、休闲等的要素。二是指街区内不同院落空间的组合方式和街道自身的空间形态。我国村民在居住形态上往往形成一个独立的院落空间，具有很强的封闭性和自足性，所以每个独立的院落又是一个天地和世界，而且不同文化背景和地理环境的人们会形成独特的院落布局空间形态。连接和沟通不同功能片区的道路，往往成为村民外部活动的空间环境，街道空间的开合、比例、尺度，道路铺砌的材质，道路的界面等都是重要的空间设计要素。

这一层次的设计对象是乡村的局部空间环境元素，即乡村肌理设计，是景观设计进一步的深化和具体化。中观层面上，院落或建筑是乡村空间环境的实体部分，它以片和群的形态出现，乡村环境中的实体部分构成乡村的肌理。许多研究乡村图底关系的范例中，将建筑实体表示为黑色，剩下的街道、公共空间组成的就是公共空间。公共空间是乡村中最具活力的部分，是乡村生活和记忆的重要发生场所。这一层次乡村景观设计的主要内容包括乡村公共空间和建筑群体形态的设计。

1. 乡村公共空间

乡村公共空间是与建筑群实体相辅相成的。乡村公共空间设计实际上是与建筑群体形态设计同时进行的。乡村公共空间通常是由建筑群体围合形成，其形态、尺度、界面等受围合它的建筑布局、建筑形态、尺度的影响很大。乡村公共空间设计是空间系统组织、功能布局、形态设计、景观组织、尺度控制界面处理的设计，具体包括公共空间设计、绿地设计、步行街设计等。

2. 建筑群体形态设计

建筑群体形态设计主要研究每个地块、建筑以及地块与地块、建筑与建筑相互之间的功能和群体空间组合的形态关系，区分主次，建立联系。结合乡村的自然地理条件和历史传统特征，确定建筑的色彩、高度、风格、间距、体量等。研究新旧建筑的协调以及地标与背景的对比、统一关系，使建筑群体形成有机和谐、富有特色的乡村建筑群体形象。

3. 乡村街道和环境小品的景观设计

街道不但是形成乡村空间形态的重要肌理，而且也是人们重要的感知场所与空间，街道平面、立面的尺寸和比例关系形成了街道不同的感知形象。在具体的设计中，既要遵从普遍的认知规律，又要分析和总结不同地域下乡村街道的空间形态。街道空间的尺度是由多种原因决定的，作为街道空间构图来说，它主要取决于人对街道宽窄的尺度感。街道两侧建筑物与街道宽度之间关系的不同也会产生不同的空间感受。

乡村地域性空间特色的塑造是乡村景观设计的重要内容，要对乡村的历史街区空间形态肌理进行考察和研究，总结历史的发展规律，探寻街道线形、形态、材质等不同的历史演变，并以此为基础，作为对新建道路、未来发展、规划控制的依据，实现乡村活动的控制与引导和乡村历史文化的传承。

对乡村空间环境中小尺度要素的设计，主要包括建筑小品、环境设施等。这些设施的体量不大，设计得体能对乡村环境起到锦上添花的作用。环境设施的完善会给人们的生活带来便利。建筑小品在功能上可以给人们提供休息、交往的方便。著名景观建筑师哈普林曾说，建筑群之间布满了乡村生活所需要的各种环境陈设，有了这些陈设，乡村空间才能使用方便。乡村空间首先是人们活动的容器和载体，所以应该使人们在使用这些空间环境时感到舒适和方便。乡村环境设施与建筑小品虽然不是空间环境的决定因素，但是实际使用中给人们带来的方便和影响是不容忽视的。环境设施的完善是乡村文明建设和人性化设计的标志之一。

第二节　乡村景观规划设计的类型

依据乡村工程实践类别，乡村景观建设可以分为以下类型：保护型、改造型、扩建型、迁建型、新建型。依据乡村设计实践的类别，乡村景观设计可以分为以下类型：开发建设型乡村景观设计；历史保护型乡村景观设计；开发与保护相结合的乡村景观设计。

一、开发建设型乡村景观规划设计——新建聚落

源于社会经济发展和乡村振兴战略等诸多原因的影响，乡村无论在数量上还是在规模上都占有很大的比重。开发建设型乡村成为建设实践的主要类型之一。这类乡村，由于没有各种历史要素的束缚和限制，在实践中具有很大的自由度，适于各种理想乡村空间环境的探索。

从 21 世纪起，我国全面推进乡村振兴，兴建新的村庄，鼓励村民集中居住（乡

村社区）成为乡村建设的主旨之一。兴建新村可以减少农民过大的宅基地占地面积，还可以建设村容整洁、设施完善的农村环境。村容与环境建设通过村庄整治即可完成，虽然需要投入一定的资金，但并不必迁建村庄。

新村规划设计虽然尺度较小，但是因规划涉及乡村振兴战略、功能区划、结构关系、人口测算、用地规模确定等诸多方面，也是一个相当复杂的系统工程，而且乡村规划本身涉及的自然要素、传统文化的多样性等因素更加大了规划的深度和复杂程度。因此，新村规划设计还涉及对当地建筑历史、建筑技术、材料、村落肌理和农民使用方式的研究。

同时，拆除旧村、新建村庄给农民集中居住也带来了许多社会与经济问题，如农民耕作半径的增大、农民丧失了庭院经济收益、无处晾晒打收的粮食等问题。

所以，在实际的规划设计中，对于确有必要建设新村的地方，要进行充分的地方景观特征研究，以促使外来单位的规划设计充分考虑当地的建筑风貌和景观特色。地方政府可以从设计初期和审批两个层面控制规划设计质量：①在设计初期，提供详细的景观风貌和规划设计细则，指导聚落规划和设计；②要加强实施严格的规划和设计审批制度。

作为一个为人类生存活动提供场所的空间环境，很突出的问题是如何处理好自然生态环境与现代工业文明之间的平衡，如何处理好"新""旧"环境之间的矛盾，如何解决新区开发对乡村整体空间布局结构的影响。开发建设型乡村景观设计主要应立足于自然的角度，因地制宜，因势利导，因借巧施，挖掘自然景观要素。河岸、湖泊、海岸、山谷、旷野、湿地、山丘等都可以作为乡村形态的景观元素，分析乡村所处的自然生态基地特征，如山冈型、河湖型、大漠型、洲岛型、高原型、平原型、水乡型等。同时，气候条件差异也会形成不同的乡村格局。湿度大的地区就要使空间开敞、通透些，组织夏季主导风向的空间走廊；干热地区为了避开大量热风和强烈日照，建筑群就要密实一些；寒冷地区则要采取相对集中的建筑结构和布局。要尊重自然的肌理，不能随意斩山截沟、掩土填水。在绿化树种选择时，优先考虑本土植物，尽量不要破坏地表原土。地理环境是乡村物质环境构成的基本条件，优越、突出的地理环境特征，能轻而易举地左右乡村用地规划和空间构成。

二、历史保护型乡村的景观规划设计——保护型聚落

我国有着5000多年的悠久历史，幅员辽阔，地理特征明显，文化遗产丰富，产生了各具特色的地域文化和乡村文化。很多乡村都是在没有人为外力作用之下的"自然生长和发展"，这些乡村的景观环境只是在历史的长河中，因地形地貌、气候自然等特征，因村民生活与劳作的需要天然而成，毫无做作，没有专门的设计师参与，也没有专一的规划制约，建筑的历史遗存丰富多样。对于在文化景观保护区内的乡村聚落，更要注重聚落的历史文化遗产的保护，延续有历史价值的

聚落肌理与空间格局，严格保护文物类建筑、有特点的民居聚落，保护原有建筑风貌及乡土环境。

保护形态主要包括三个层次：聚落的整体形态、个体乡村的布局形态和街区院落。

1）在聚落的整体形态方面，我国传统乡村地域趋向于呈现无规律的"散点式"群落布局。主要是因为我国乡村是传统的自给型农业经济结构，村民往往要选择适合和适应当地生产与生活的自然环境为聚居点，既要有利于生产，又要方便生活，所以有"高勿近山，低勿近水"的择地说。同时结合中国传统的风水观念和自然思想，对生存环境进行选择，这种乡村群落的布局形式体现了中国传统的天人合一的聚居模式。在村落的布局上呈现点多、面广、量大的特征。一方面，应尽量保护乡村的群落布局方式，避免拆除旧村，合并或新建村庄，以避免引入完全不同的景观特征而破坏当地的景观特色；另一方面，随着科学技术和社会文明的发展，当代人的居住模式不断变化，生产方式和生产技术不断进步，人与外在环境的关系也发生了一些变化，生态质量和生态效益往往成为当代的主要课题，因此，对于一些处于生态敏感区域的村庄，以及一些对当地景观破坏严重的聚落，如沿路无序蔓延的聚落应该加以改造整理。从社会发展的资源共享、能源节约的角度出发，这样的乡村群落布局占地面积大，布局分散，不利于公路、通信、教育、医疗等设施的覆盖。

2）在个体乡村的布局形态方面，即乡村的肌理设计，是乡村景观设计进一步的深化和具体化。它以人为设计主体，从静态和动态两方面，按照各类活动的视觉要求对乡村空间环境做出具体安排。我国许多传统村落在街道布局、建筑院落、公共空间等方面形成了有机的整体。

3）在街区院落方面，街道与公共空间形成具有独特风貌的单体院落、街道形式和公共空间的组织。在外部空间环境中，不同形式的道路形成了不同的乡村机理，传统的街道空间不但承载了交通功能，还有交流、娱乐、祭祀等功能，街道是生活空间的延续。在乡村景观设计中，要注意这种具有延续性功能的外部空间体系，使之成为整个乡村空间的基本框架。

我国乡村民居及公共建筑丰富多样，按照建筑构造的不同，可以分为合院建筑（如江南的天井式、云南的"一颗印"、北方的四合院）、井干式房屋、砖砌式房屋、干阑式房屋、窑洞式房屋、毡房式房屋、碉楼式房屋、土楼式房屋、"阿以旺"式房屋等多种形式，反映了各地不同的历史文化和民俗特征。不同的民居要从构造、形式、色彩等方面进行研究，探求不同的空间组合形式，要深入研究民居存在的合理性，挖掘其存在的价值，尤其对于具有历史保护意义的民居错落，更要注重保护具有特色的乡村建筑，对于重要的乡村建筑应做到整旧如旧。

《关于保护历史的或传统的建筑群及它们在现代生活中的地位的建议》（《内罗毕建议》，1976）明确指出，"每一个历史的或传统的建筑群和它的环境应该作为一个有内聚力的物体而被当作整体来看待，它的平衡和特点决定于组成它的各要素的综合，这些要素包括人类活动、建筑物、空间结构和环境地带。"也就是说，对一个人工环境而言，它与它的地理自然等条件要素是一体的，它也与基于这种地理环境下所形成的文化、观念、人的行为特点和思维习惯是一体的，它们共同构成了一个"可见与不可见"的场所的意义与精神。要把它们的物质实体，以及物质环境所承载的生产活动、工艺劳作等功能活动作为完整的一个体系进行保存。

在旧城保护中，保留形式而转变功能是极常见的一种方式。最典型的是浙江的同里、周庄、乌镇，山西的平遥古城，云南的丽江古城等。对一个传统村落进行保护和修缮，要从乡村的物质环境和文化环境的角度考虑。可以通过激发传统村落中的文化要素（包括生产方式、居住形态等）寻找它的经济增长点，通过改变部分功能来提升传统乡村的活力。

最常见的替换功能就是大力开发旅游参观，这是文化历史价值的直接兑现。大力发展旅游业，不仅不会破坏乡村环境，反而会使乡村文化环境得到有效的保护。一方面，在现代乡村中旅游处于日益重要的地位，在老城易于开展旅游参观，可实现传统与现代生活之间的交融和传承；另一方面，通过旅游来带动相关产业的发展，刺激消费的同时也带来了创收，更有能力投入到乡村的文化历史保护当中。江南的乌镇、周庄，安徽的宏村等是这方面较典型的乡村实例。

历史保护型乡村通常具有历史文脉和场所意义，它更强调乡村物质环境设计和建设内涵的统一性和完整性。人文历史景观和传统的乡村空间格局传递着历史信息和人们的记忆。传统文明为我们留下了许多历史古村落，树立了众多耀眼的村落形象。这些脱胎于农耕文明的乡村以传统的环境观、风水观、艺术观造就了理想的人居空间模式。在空间布局上，多是有着尊卑礼制的排列，从视觉形象上更是系于从生态观出发，随机而有法度地组织景观。古树、祠堂、骑楼、牌楼、照壁、小桥、水井等都可以作为乡村的标志或节点。在多元化发展的现代化社会里，高速度、快节奏等特征使能够完整保留下来的这类古村已经为数不多，而且许多历史古村主要坐落在较偏远落后的地区，加强保护意识和制定抢救措施已经十分必要。

对于历史保护型乡村，设计时首先是要能够充分认识到其乡村环境所蕴含的民族、民俗、艺术特质。坚持保持乡村的历史真实性和完整性原则。乡村景观设计应注重恢复旧时形象，再现历史景观。对于历史性建筑群因时代久远造成材质在外观、结构形态上发生变化或破损不堪的，修复工作应该遵循"修旧如旧"原则。尽可能采用相同或相近材质去替代已破败、腐朽的材质，并做到整形如旧的处理，以取得与历史建筑整体协调的效果。对于现代公共设施，如电线、网线和通信线等，要以地下电缆形式处理；对于环境设施，如灯柱、垃圾桶等，要做造型艺术处理，使其形、色、质与乡村的原有形象和环境保持一致。

在古村落保护中可以借用古镇的保护手法，山西平遥可谓典范。平遥史称古陶。平遥城墙建于明洪武三年（1370 年），历经明清数百年修建而成今日格局。整个城池状如乌龟，俗称乌龟城。城墙原为六座。南门为头，北门为尾，东西城门似四腿屈伸。城内街巷交叉如龟背。城南面临中都河。城内街巷南北正直，东西对应。其他建筑物"上下有序"，左城隍（城隍庙），右衙署（县衙），左文（文庙），右武（武庙），东观（清虚观），西寺（集福寺）庙，素有"四大街、八小街、七十二条蚰蜒巷"数不尽的"一线天"之说。南大街、东西大街、城隍庙街、衙门街形成一个"干"字形。古城整体空间布局井然有序，整体效果强烈。以南大街为轴线构成整体空间的视觉中心，大片青灰色民宅和庭院绿树衬托了古城墙、市楼，也突出了城隍庙、县衙、文庙、武庙、清虚观等体量比较大的庙宇建筑群。

　　平遥位于北京至陕西的交通要道上，旧时城内商业也较发达。由于城墙和乡村空间格局保存完好，1998 年被联合国教育、科学及文化组织评为"世界文化遗产"。在古城保护中，平遥坚持按照全面保护、突出重点的方针，实行分区、分级保护的原则。具体的保护措施如下。

　　1）保护范围划分为绝对保护区，一、二、三级保护区。绝对保护区内严格按照《文物保护法》的规定保持传统建筑的原状。一级保护区内不得改变传统建筑的群体布局、形体、空间风貌、材料和色彩。二级保护区内保护现存传统建筑的布局和风貌，新建建筑物应与古城风貌相协调。三级保护区内保护传统建筑的布局和风貌，拆除或改造不协调的建筑物和构筑物。

　　2）在外部的建设上，遵循"整旧如旧"的方针，沿街商铺在维修过程中均以新的木材替代老的木材，以保持沿街界面的统一。城内均以一到两层的山西民居为主，既保持了古城原有的风貌特色，又拉近了人与人、人与城镇之间的关系。在沿街建筑的改造上，由于新的商业、娱乐功能需要的是完整、宽敞的大空间，因此在基本保留原有空间格局和外形的基础上创造了新的室内空间。此外，还将过去某些名门望族的府邸改建为博物馆以供人参观。这种保留外部、更新内部的模式适合我国有特色的乡村借鉴，它表现出来的灵活这一优点，更能促进当地的经济文化可持续发展。

　　古城内传统建筑中的民宅实施分类保护，对其中的典型民宅应建档、挂牌，并制订保护修复计划，保持其建筑外观。院内不得擅自拆除、改造和新建。鼓励对传统建筑进行保护维修和开发利用。古城内现有空地和拆迁后腾出的空地应逐步绿化。

　　3）古城内沿街广告与古城风貌相协调。禁止在沿街建筑物、构筑物、设施以及树木上涂写刻画或者未经批准张挂、张贴宣传品。古城内现有的地上通信、输电线应逐步转为地下管线。

三、开发与保护相结合的乡村景观设计

　　此类即是通常所说的旧村落改造或旧区开发建设。在"新"与"旧"的冲突

中，既不能盲目扩建、改建，毁坏旧城，也不能完全束缚于旧城的维护而滞于发展。在旧村落改造中，对具有一定规模、完整或可以整治的景观风貌，以及能够反映某一历史时期或民族特色，并有一定比例的历史遗存且携带历史信息的街道或街区，我们要采取保护措施，应注意传统历史文化的继承和发扬，尤其是古建筑和历史街道内新建筑的风貌控制与协调。保护历史性街区和古代建筑并非是毫无选择而是鉴别性加以保护，在确保历史景观价值的情况下，对既影响乡村发展，又无历史价值的旧建筑和街道，可以根据发展规划进行拆除和改造。对于改造或扩建的街道空间、公共空间要继承和延续原乡村的空间格局。

村落保护是一项庞大的工程，这是因为传统村落的维修、维护的成本都较高，而且往往没有收益，没有地方文物保护单位的资金支持和国家的维护费用的投入，地方政府往往难以应对。由于人们缺乏文化保护意识，很多乡村采用完全推倒式的更新手法、拆迁新建，对历史文化遗产造成不同程度的损毁。虽然统一的建筑标准、规则化的街道布局、方便的市政设施给村民一种前所未有的改变，使村民的生活更加方便快捷，但人们在享受方便快捷的同时，却发现在乡村的环境中突然失去了什么。这种大拆大建的方式不能保持原来乡村的魅力，对于乡村的建设，要考虑历史文脉的延续，在规划设计中应保持乡村原有的空间结构、机理脉络等。

偌伯特·舒尔茨的"场所精神"，实际上指的是背负历史延续、承载未来期望、活在当下的一种精神意义，这种意义是物我同构的精神所在，是乡村环境实体与居民生产生活之间的结构上的一致性和对应性。这种"生活的结构"是人们在自然环境、地理特征的外在条件下的熏染和习得的，它正是在千百年来当地人与栖居空间的互动中形成的。不同的乡村环境是人们进行集体性共同表达的方式，这里承载了村民的文化认同、历史记忆和对未来的期望，因此空间与行为结构上的一致性正是地方特色作为一个有机整体的表现。

可以说一个乡村就是一群村民的世界。乡村景观是村民的精神寄托。在保护与开发相结合的乡村中，秦岭南麓陕西省柞水县营盘镇是一个典型代表。营盘镇又称营盘、营镇，位于乾佑河上游。营盘镇西临乾佑河，东依碉堡山，呈南北方向。营盘在清乾隆时期有集市，商贾行旅多以营盘为营，集日招徕长安、宁陕客商。这里是南北货物的转运地，素有"水旱码头"之说。新中国成立后，集市废除，镇内的古迹仍有孝义亭木牌坊（现已严重破损）、戏楼（坍塌）和保留比较完整的一条老街。在《柞水县国民经济和社会发展第十一个五年规划纲要》中，营盘是当地乡村的先进示范点。该地以功能配套、特色鲜明为原则，制订了未来发展规划。在乡村景观设计中，坚持"古""新"并进、古今结合，把传统文化融于现代文明之中，发掘和继承历史，弘扬当地文化，带动经济发展。该镇在乡村建设上的思路如下。

1）保留历史老街，恢复孝义亭和戏楼，形成南北两条"古""新"平行共存的道路骨架。老街保留原有的空间尺度和形态，逐一确定需要改建和保留的建筑类别。改建建筑仍旧要在材质、色彩、尺度、外形上与相邻建筑保持一致，并尽量保持原状。

2）戏楼是老街的空间节点，依据历史原貌进行恢复。孝义亭遗址的原状已经无从考证，只是保留其现有的一处残破牌坊，并以其为中心修建历史博物馆和民俗旅文化馆。

3）归纳和萃取当地传统建筑风貌特征符号——粉墙、黛瓦、小封火墙、莲花屋顶装饰。将这些传统特征作为当地建筑符号和象征应用于新建筑物外形设计中，以此保持全镇新旧风貌的统一性。建筑群体高度由东向西、自碉堡山向乾佑河梯次降低，使山体与街道之间具有良好的视觉通道。

对于乡村更新改造要坚持“有机性”原则。任何改建都不是一成不变的，现在进行的对过去的改造也是将来被改造的对象，这就要求在开发与保护中要把握时代脉搏，留下每个时代的痕迹。

第三节　乡村景观规划设计的任务

一、提出乡村景观规划设计框架

对乡村的自然环境、地理风貌、空间结构、建筑院落、道路布局的现状和特点进行调研分析，提炼出优质文化基因，归纳乡村发展的主要影响因素，提出景观设计的指导思想、基本原则及总体对策，保留有价值的自然和人文景观资源。从整体到局部、从宏观到微观、从战略定位到形象定位，从物质空间设计到物质形态要素设计，系统把握乡村空间环境各个要素之间的结构和功能关系。对乡村农田绿化、生产设施、聚落形态、道路走廊、河流溪谷提出具体的设计规则，使现有的风貌景观资源特色得到总结提高，将乡村和周围环境的风貌资源文化内涵挖掘出来。

二、确定乡村的风貌特色

我国是拥有多民族的国家，地域辽阔，地理环境多样，也有着各不相同的乡村风貌，这种风貌不仅有物质形态的，也有非物质形态的，如民俗文化、民族信仰和思维方式、生产形式、语言心理等。乡村风貌是在不同的地理环境、生态环境、自然环境下形成产生了不同的空间形态、结构特征和质地纹理。它们既有共性，也有个性；既有共通的形成规律，也有自身的风貌特点。

乡村风貌主要基于自然生态环境而形成，这种地理风貌也可称为背景、本底、模地或矩质，它是乡村景观中分布最广、面积最大、连续性最大、优势度最高的景观要素，决定着乡村景观的性质，对乡村景观动态起着主导性作用，影响景观的能量流、物质流和物种流。不同的自然环境往往具有不同的景观生态特色。由于乡村所处地域的地形地势、水域特征、气温降水、温度风向、生物种类等的不同，形成了各不相同的自然景观。江南的乡村山清秀水，塞外的乡村则冰天雪地，八百秦川则是又一番景色，不同的地理环境孕育了别有风味的乡村环境。

在乡村景观中，人工景观最集中的表现在于村庄的空间布局、建筑形态和院落形式、环境小品和文化性符号，如古井、牌坊、碑祠等。乡村的民居建筑是我国不同建筑形式里最为炫目多彩的类型，由这些建筑组成的整体井然、尊卑有序的院落布局，由院落空间形成的各不相同的街道尺度，具体到住宅间相互组合、船坞码头的驳岸和水渠河道的形式、道路的铺装、建筑材料的选用等，整个物质环境都是地理环境和文化氛围的表达和体现，显示出我国传统的山水观、物我观、天地观与伦理观等心理。

第四节　乡村景观规划设计的内容

乡村景观规划设计的核心包括以农业为主题的生产性景观规划设计、以聚居环境为核心的乡村聚落景观规划设计和以自然生态为目标的生态景观规划设计。

一、绿地景观规划设计

乡村绿地景观按照绿地的功能不同可以分为三类：第一类是自然绿化用地，即乡村河湖溪流、山谷平原，以及乡村外部道路绿化或乡村周围的防护林；第二类是聚落绿化用地，即在乡村聚落内部，附属于居住功能的绿化用地，包括乡村内部的绿地水池、街道绿化及庭院绿地；第三类是农业绿化用地，如农田路网的绿地、水池机井、林网、田垄等。

（一）自然绿化用地

自然绿化用地是乡村通往自然的通道和过渡空间，与周围环境融为一体，没有明显的边界。它包括天然林和次生林。天然林的生物链条完整独立，物种的分布立体而丰富，有较强的自我恢复能力，物种多样化程度极高，对环境和气候能起到巨大的保护作用。溪流河道两旁的荒野地、湿地、公路绿地和卫生防护绿地，以及防护林、路肩绿地、风景林、水源涵养林等乡村林地具有改善农业生产条件和保护环境等作用，能够净化空气、保护农田、防风固沙。增加了植物种群与之相依存的动物及微生物种群，稳定并增强了农田系统的整体生态功能。它是乡村聚落的背景和基底，是乡村的天际轮廓线，是乡村风貌的基调。不同的自然环境是乡村文化特征形成的前提与条件。自然环境是人类生存最基本和原始的条件，不同的自然环境特征蕴含着不同的精神品质和地域特征，人们在长期的生活与生产中挖掘、表达对自然特征的认识，形成了具有环境特征的文化与文明。所以在自然的地势地貌、山水沟壑之间也聚集着与人类文明相一致的精神。

（二）聚落绿化用地

1. 街道、公共绿地

街道、公共绿地形成乡村聚落的绿化骨架，对于改善乡村景观起着重要的作用。公共绿地主要是利用现有河流、草场、果园和小片林地所形成的供居民活动的场所。

2. 护村林

在乡村周边集中的空间是实施绿色经济的良好空间。护村林是种植在聚落周围的防护林地，其主要作用是防风，兼具提供木材、薪炭、食物等功能。从环境心理学角度讲，护村林起到边界围合与分割的作用，是居民生活空间与周边环境的分割线和过渡带。就明确的围合而言，体现了村民自我性识别与保护的意识。

3. 庭院绿地

对于大多数乡村居民而言，结合院落建设和庭院经济，利用庭院前后的空间和房前屋后的零星空间进行绿化是点多量大的形式。在庭院里，村民可以自取所需，营造林木、果园、菜园等，宅旁绿地属于私人用地，具有提供绿化、养殖、种植、提供手工业生产所需空间等功能。

4. 乡村内部水系

乡村的水文体系包括河流水系、沟渠池塘、大小水池等，它是由在村外水系进入聚落后所形成的，具有绿化、浇灌、洗涤、种植和养殖等功能。它是乡村绿道的重要组成部分，拥有野生动物迁移、保护生物多样性、旅游休闲、交通等多方面的功能。

乡村内部水系具有很强的景观价值。

（三）农业绿化用地

农田是乡村的象征，农田绿地是乡村的基本景观元素。农业绿化用地主要是指田间林网和田垄地埂的绿化用地。农田林网可以改善农业生产条件，保护农田生态环境，具有防风固沙、保护水土、实行农田套种、改善农田小气候的作用。林网一般顺应农田、水系和道路的走势。田垄地埂的绿化用地通常种些小型草本植物，起到分隔田垄和地埂作物的作用。

二、农业性景观规划设计

农业景观是人类与自然相互作用的产物，是农村基础自然状况的反映。与人类的活动联系在一起，体现了人与自然和谐共处的关系，是人类在大地上劳作所留下的烙印，是因地制宜改造自然的结果，它以生产和实用为目的，大多数情况下以田野和牧场的面貌出现。

（一）影响农田景观的因素

1. 农业生产的组织方式

不同的农业生产组织形式在生产规模和生产方式上有很大的不同，这种不同直接影响到农田景观的特征。我国的农村土地经营模式自 1949 年至今已经历了数个相应的历史阶段，从耕者有其田转变为农村土地集体所有制，再到家庭承包经营制度。未来的土地承包经营模式、农业龙头企业、专业合作社将成为乡村土地新的组织方式，这也必会促使乡村景观发生新的变化。

2. 农业发展模式

不同的农业发展模式对乡村景观起着决定性的作用，如"精细农业""高效农业""外向型农业""城郊农业""节水农业""生态农业""有机农业""特色农业"等。不同的农业发展模式，具有不同的产品种类和生产原理，具有不用运行机制和技术原理，在土地权属、组织方式、运营方式、销售方式上都有很大的不同，必然也会产生不同的景观效果。

3. 农业栽培技术

农业栽培技术是指应用于种植业、林业、畜牧业的技术手段，其栽培技术不同也会产生不同的农田景观效果。例如，耕作方式、栽培技术和养殖方法、农业机械程度等不同，所以呈现如梯田景观、大棚农田景观、地膜景观等不同的效果。

（二）农业景观类型

1. 果园景观

果园是一种主要的农业景观，虽然也是林地的一种，但其管理维护基本属于农业生产的范畴，因此，将果园景观归类于农业景观。林果业规模用地面积可大可小，小至几十平方米，大至上千公顷不等。果园是一个人工改造后的生态系统，在栽植上应遵循生态系统的基本原则和规律，要注意树种的搭配和植物的品种间作。现代果园已超出传统生产意义上的果园，而是集生产、观光、生态于一体的现代农业果园。

2. 农田景观

农田是乡村地区最基本也是占地面积最大的单元，农田为人们提供了大量的粮食、蔬菜等农副产品。农田景观是乡村景观中最具特色的部分，它是乡村景观的基底和背景，是由不同的农作物形成的大小不一的镶嵌体。根据种植的方式分类，农田景观有旱田景观和水田景观之分，根据种植的地形分又有梯田、平原农田、山间农田等，通常划为规则的长方形，或是由于溪流、道路而呈现不规则的形状。农田斑块主要种植大田粮食作物、各类蔬菜、瓜类、根茎类作物。不同的种植方式和作物搭配，不仅可以获得多种农产品，还可以使整个农田形成稳定的生态环境，形成丰富多样的景观效果，提高农田自身的美学价值，体现不同地区的风俗和特色，有利于发展农业景观旅游产业。

三、生活性景观规划设计

乡村生活性景观的构成主要包括乡村群落结构、乡村聚落形态和乡村建筑。我国乡村群落的结构可以划分为自然村、中心村、一般集镇和中心集镇四个层次。在城乡统筹建设过程中，表现出自然村向中心村集中，聚落向集镇集中。在景观上，体现为自然聚落的减少、中心聚落的扩大以及集镇的扩大对乡村景观的影响。乡村群落形态是指在一定的地域范围内，乡村群落的组织与空间布局，包括空间形态多样性、空间可识别性、景观形态和谐性和道路可达性四个方面。乡村聚落具体用地空间包括公共建筑区、住宅区、生产区及街道公共空间。

建筑景观是指乡村聚落的公共建筑、民居建筑及其他配套建筑，具体包括建筑单体的造型、式样及特征、色彩及肌理，群体建筑的组合，不同建筑之间的联系与组织等。建筑特征的因子包括建筑与环境的协调性、建筑单体合理性和建筑风格特色性三个方面。

（一）乡村开放空间设计

乡村开放空间就是乡村的公共空间，包括水塘、林地等自然景观，也包括街道、节点空间和庭院。开放空间具有四方面的特性：①开放性，即不能将其用围墙或其他方式封闭围合起来；②可达性，即对于居民而言都是可以方便进入到达的；③大众性，即服务对象应是社会公众，而非少数人享用；④功能性，即开放空间并不仅仅供观赏之用，而且要能让人们休憩和日常使用。

（二）乡村的竖向轮廓设计

设计竖向轮廓包括设计乡村天际轮廓线和进行建筑高度分区规划两部分。天际线是指一个乡村的立体轮廓线，体现在起伏的山丘、多姿的绿树、高低错落的建筑构成的生动空间形态之中。山区乡村可依靠起伏的山丘和高低变化的建筑物，呈现错落有致的轮廓线。平原乡村，可以利用具有一定高度的建筑，形成与周围环境的对比。

乡村建筑高度分区取决于景观通道、土地使用、文物保护等方面。一般将乡村形成不同的高度区域进行控制，可划分为低层区、多层区两个等级。对风景区的高度控制要坚持由近及远或由外向内的高度梯变化。

（三）建筑群体形态风格设计

建筑形态是组成乡村景观的主要因素之一。在景观设计中，要根据城镇整体形态结构和塑造区域特色的要求，结合乡村自然地理条件和历史传统特征，确定建筑的色彩、高度、风格、间距、体量、沿街后退、风格、尺度、色彩、材料等。

（四）乡村聚落体系布局

乡村是依据人们的实际需求，因地制宜、居民自由建房形成的一种民建的聚落形式，并在生产和生活中不断得以调整，达到平衡，这种村落组织与内在精神凝聚力较弱。我们通常对于聚落的俗称，特偏向于指乡野村庄，即通常从事种植或简单手工业，且规模较小，自然生长发展起来，没有经过规划的居住形态，其建筑主要以民居为主，村镇则以生产为本，也有特定的本土文化内容。

聚落形态受自然、社会经济及风俗文化等多种因素影响，不同的乡村聚落形态体现了人类生产、生活与周围环境的相互关系。乡村群落不仅是人类活动的中心，同时也是人们居住、生活、休息和进行各种社会活动以及进行劳动生产的场所。乡村群落体系布局是我国农业社会中聚居环境对地形、水源、周边设施、生活习惯的一种反映，是根据乡村经济社会发展计划与规划要求，根据当地现有聚落的分布、现状条件和功能，确定乡（镇）行政区域内的聚落体系结构，规划主要聚落的性质、规模和发展方向。

乡村聚落按照不同的划分标准可分为不同的类型。根据地理自然环境划分，乡村聚落可分为大陆海岸聚落、海岛聚落、内陆山区聚落、丘陵地区聚落、平原地区聚落等。按经济活动职能，可分为农业聚落、林业聚落、矿业聚落、牧业聚落、渔业聚落、采掘业聚落、农果业聚落以及具有两种以上经济活动的聚落等。按形态不同，可分为集聚型和散漫型两种。综合各类划分，根据聚落延展形式、边界形态特征和交通组织形式的不同，乡村聚落可以归纳为团状、带状、放射状三种类型。前两种是基本态，第三种是前两种的混合态。下文主要介绍以下几种类型的乡村聚落。

1. 团状聚落

这种布局形式在我国平原地区较为常见，大多是在没有外部约束的条件下，由一核心点随着经济发展逐渐向外发展的结果。团状聚落近似于矩形或不规则形，长宽比一般不大于 2。聚落布局形态相对集中，多以道路交叉点、泉水等为中心集聚众多住宅自然形成；其地势平缓，坡度较小，这是比较常见的聚落形式，在地势相对平坦的平原和盆地地区很容易演变成这种聚落类型，团状聚落四周具有较为均质的外部环境。

由于核心有较强的聚集功能，产生对周围的向心力，促使它的发展尽量靠向核心。因此，这种形态的特点是用地集中紧凑，交通由核心向外，均匀、便捷，单一中心，生产与生活关系紧密。在乡村的规模范围之内，这是一种既经济又高效的布局形态。但是这种布局形式往往由于一些有污染的工厂在内部穿插，过境交通的穿越，以及在发展过程中生产与生活的层层包围，对乡村环境造成了不良影响，这些不良因子在设计时需要加以克服。

2. 带状聚落

带状聚落通常都是依托道路、水系等呈线性排列沿着一个方向展开生长，具有很强的方向导向性，其形状纵向较长，横向较短，形成线状或带状的外形，边界的长宽比大于 2，这种聚落形态多是受到河流、山谷、交通线（如沿河、沿公路）等自然地形限制而造成的，或为避免洪水浸淹而受外在条件的制约或引导，聚落自身组织起一条线状的街巷交通空间，有时若干村首尾相接成串珠状聚落，从而使聚落的轮廓呈现带状特征。这种形式的乡村一般按照生产—生活相结合的原则，将纵向狭长用地分成若干段（片），建立一定规模的综合区。带状乡村的侧向开放，加大了乡村与外部环境的接触面，为乡村与自然的和谐共处创造了良好的条件。

环状聚落是带状聚落的特殊形式，通常是沿山麓或湖塘区沿岸呈环状分布，是带状或串珠状聚落的一种，最后首尾相接连成一个闭合环状，也可能未相接从而形成半环状。闭合环状聚落，也可以看作是中空的团状聚落。

3. 放射状聚落

放射状聚落多分布于局部用地相对平坦、周围有陡峭山体区域，或是由于交通的影响，如在山谷、河流交会处等地之中的聚落，按照山谷的沟壑脉络自然生长，形成放射状的形态，如同手掌向不同的方向展开。这种类型具有多方向的延展和导向，受地形影响显著，与地理环境相互交叉融合。

4. 组团式聚落

组团式聚落是指具备一定规模的乡村聚落按照一定的空间机理，相互组合布局，形成团状的空间形态。这种组合多见于人口相对密集的地区。这种形式往往受地形的限制，但也有的是因为用地选择或者用地功能组织的原因而形成的。组团式形态下的乡村相对集中，相距不远，联系方便，所以，每片生产—生活配套设施相对独立。虽不如集中式紧凑，但有较高的经济效能，在发展上有较大的余地，解决了集中式布局发展与农田的矛盾。

5. 分散式聚落

分散式聚落是指乡村聚落规模较小，并且相互分离独立，形成不规则分布的空间形态。这种组合多见于人口相对稀少、地形不规则、可建设用地较稀缺的地域。

这种乡村布局是在片面强调某一因素的指导思想下，没有全面规划，各自为政，遍地开花的建设，由于这种布局形态存在诸多不合理的因素，在目前的乡村中已经较少存在。

以上几种类型，实际上大多是乡村在发展过程中受到各种因素的限制而自发形成的。其中，团状聚落更适合乡村：因为乡村规模小，不存在规划集中布局的弊病，相反，这样的布局形式对完善公共服务设施、降低工程造价是有利的。因此，只要地形条件允许，乡村的规划布局尽可能采用这种布局形式，以旧城为基础，由里向外、集中紧凑地连片发展。

（五）乡村交通场所

街道作为乡村的空间骨架，能够提供户外活动空间，并使人们接近自然、了解自然。乡村街道反映了乡村的历史、经济、文化的发展水平，展现了乡村的风貌和特色。人们通过对街道的认知来认识乡村。街道是乡村形象和空间景观的核心内容。诺伯格·舒尔茨强调了"路线"在空间结构中的知觉意义，并指出路径是"存在空间"水平结构重要构成要素之一。在乡村街道景观设计时，首先是要注意乡村出入口的设计，乡村内部的街道节点设计，要把控好主街道的路面、立面景观设计。要能够依托道路形成乡村的外部大客厅，即形成乡村的景观休憩空间系统。在功能上要考虑步行街、车行街、休憩小路的设计。乡村街道要满足以下几点要求。

1. 动态行为要求

制约街道空间建设的因素是多方面的，这些因素有美学的、功能的，还有经济的、文化的，它的发展是一个多因子互动的随机过程。传统街道空间显然已不能满足当前的需要，只有创造功能的不定性和综合性的空间才能满足现代人行为的多样性。街道的空间特征总是呈现为历经时态的结构，这就意味着乡村街道随着历史的变迁和人们的需要而不断得到改造。

2. 整体性规律

乡村街道空间作为乡村中的重要构成要素，必须与其他组成要素相互影响和作用。乡村道路把农田、水域、山体、乡村群落等不同景点连成了连续的景观序列，形成了乡村的景观视线走廊。在道路规划时，要考虑与自然环境的协调一致。

目前，改善乡村环境的重要环节是将那些街道零散的内外环境转化为秩序统一的环境，以构成乡村的整体环境空间网络。乡村街道空间本身是一个积极的有机整体，具有完整性和统一性。道路、公共空间、绿地、公园、沿街建筑等都是城镇街道空间有特色的组成要素，并具有各自的空间特征，承担不同的特色活动，在乡村生活中相互作用和影响，共同构成社会空间的整体。要充分利用乡村现有的条件，如山林、水面、绿地、林荫道等自然因素和一些历史古迹、人文景观等有历史价值、文化价值的人文因素，以及乡村中的商业街区、公共空间、公园、建筑等人工因素，以街道网络为基础，以步行方式为主，建立一个完整而连续的乡村景观体系。

第五章 乡村景观规划的
原则和设计方法

2005 年 10 月，中共第十六届五中全会在《中共中央关于制定国民经济和社会发展第十一个五年规划的建议》提出"建设社会主义乡村"的口号，这是对我国乡村建设的发展道路进行的总体安排。2006 年，《中共中央、国务院关于社会主义乡村建设的若干建议》分别从经济、社会、文化的发展以及村镇的整治等几个方面对社会主义乡村建设工作进行了具体部署，提出社会主义新农村要"生产发展、生活宽裕、乡风文明、村容整洁、管理民主"的要求。 在目标明确、要求具体的国家战略部署下，我国进入一个全面建设社会主义新农村阶段。2017 年，党的十九大进一步提出乡村振兴战略，把解决好农民、农业和农村的三农问题作为国家的重要工作，提出"产业兴旺、生态宜居、乡村文明、治理有效、生活富裕"的新要求，党的十九大报告同时提出建设生态文明是中国民族永续发展的千年大计，树立和践行"绿水青山就是金山银山"的理念，要加快生态文明体制建设，建设美丽中国，要加大生态系统的保护力度，实施重要生态系统的保护和修复，优化生态安全屏障体系，完成生态保护红线、基本农田和城镇开发边界三条控制线的划定。这也是社会主义新时期的重要战略任务和重大课题，为我国乡村景观的发展带来了极大的机遇。

乡村景观规划要站在民族伟大复兴、实现中国梦的战略角度，关注乡村地区生态环境和传统风貌的保护与发展，提高乡村景观的生态品质、文化品质、视觉品质，按照《中华人民共和国城乡规划法》的编制要求，综合考虑经济、社会、生态、文化、管理等各个层面，实现乡村地区产业兴旺、生态宜居、乡村文明、治理有效、生活富裕，体现乡村景观对于人类的价值意义。

第一节 乡村景观规划的原则

一、保护性原则

农田是国家的生命线，它保证了全国人民的温饱底线，具有实实在在的生命力。我国人口多耕地少，耕地后备资源不足，做好基本农田保护，是维护国家粮食安全、实现社会稳定的重大问题，在乡村发展中要树立全面规划、合理利用、用养结合、严格保护的思想，协调好农业与建设的关系，保障基本农田数量，严格控制对耕地的占用，加强土壤的保护措施和方法，加快实现现代化的农业生产方式，实施集约耕作提高农业生产水平。乡村景观规划要立足于合理利用土地和切实保护耕地的基本国策，做好乡村耕地和土壤的保护，不要以牺牲农田为代价换取乡村的建设和发展。

建设生态文明是中华民族的千年大计，要像对待生命一样对待生态环境，坚持生态良好的文明发展道路，构筑尊崇自然、绿色发展的生态体系，乡村景观在保护好农田生产环境的同时，还要对乡村的自然环境和人文环境做好保护措施，要树立"绿水青山就是金山银山"的思想。在乡村景观规划设计中，要保护好乡村的自然山水格局和植物种群，要在保护的基础上再进行科学合理的开发和利用。

生态文明要注重坚持自然生态化和人文生态化的双结合。乡村环境不但具有良好的自然资源，而且具有丰富的人文景观资源，要对具有历史价值、科研价值、文物价值的传统村落、历史街区、历史遗存、文物古迹，传统建筑、民俗文化、民间工艺等物质、非物质文化遗产进行整理、挖掘、抢救、研究和保护。编制历史文化名村、名镇的保护性规划。乡村的振兴首先要尊重历史，立足于对历史的继承和保护，这是乡村发展的生命脉络和生命点，是乡村存在的内在动力和价值。保护不是目的，保护是为了更好的发展，在保护中要寻找乡村中依然蓬勃有力的精神价值和文化动力。文化自信，首先来自对文化的保护和研究，对文化的甄别和取舍。乡村景观规划设计首先就是要从优秀的自然和文化遗产中出发，结合时代要求，使得乡村发展具有时间上的连续性。

二、城乡一体化、资源合理化配置原则

城乡一体化是资源、信息、技术、资金流通的畅通，摆脱城市对乡村的单方资源掠夺式的发展，要形成工业—农业的互补互惠的同步发展模式。

城乡一体化中，城市的发展不能以牺牲乡村的发展为代价，乡村的资源不能只是单一地为城市服务，城市工业也要反哺农业，要做到发展的均衡和资源的合理分配。乡村有自身的资源优势和文化优势，这些优势本身就可以转化为发展的资源，如绿色经济、乡村旅游、有机农业、观光农业等都有着极大的发展潜力。城市有其自身的技术优势、智力优势、资金优势，可以从技术、智力和资金上对乡村进行扶持。在可持续发展的战略目标下，高耗能、低产出的产业必将会被淘汰，乡村也应在经济发展中注重产业类型的可持续化。

要深入挖掘乡村资源，包括以农业生产为核心的文化资源、人力资源、土地资源，深入挖掘农业的边际效益和溢出价值，进行合理开发、综合利用。要注重乡村景观资源价值的利用。随着社会的发展，文化经济已经成为社会发展的重要引擎，要对乡村的景观资源进行综合开发和利用，发挥乡村的文化优势。从全世界的角度来看，中国传统村落的种类和内涵最为丰富多彩，真正承载、体现和反映中华农耕文明精髓和内涵的就是这些传统的村落。

三、整体性原则

乡村是最接近自然的人工化的环境，也是最人工化的自然。这个系统交织着自然和人工的两大系统。所以乡村景观规划设计就更应把握和处理好人工与自然的关系，要具有整体性的系统规划思想，把乡村水利设施、农田保护、防护林建设等看作一个整体来考虑。相较城市而言，乡村景观规划的综合性相当强，它涉及自然生态、文化脉络、生产生活的综合平衡。

乡村景观规划要做到生态效益、生产效益和社会效益三者的结合。合理地发展乡村生产是核心要素，具有良好的生态效益是制约机制和评价机制，具有良好的社会效益是最终目标。在乡村发展中，要处理好人与自然和人与人的两大关系。人与自然的协调是乡村环境的本质特征，也是最大的景观优势，合理划定农田和山林的范围，做到相互的渗透和补充；处理好人与人之间的关系就是要继承和发扬乡村的传统文化，保护好乡村的物质文化和非物质文化，保持良好的中华文明的文化基因。

乡村的空间环境是一个和谐的有机整体，存在一种合理的内在秩序。在乡村景观设计中，要把握这种历史积淀所形成的空间结构，要保证景观要素之间的整体性、连续性和统一性，这是它在视觉形象上的重要特征之一。乡村设计不仅要考虑设计对象本身，而且还要考虑与其他对象的关系、轮廓及其综合整体。乡村景观的美应是一种整体的和谐美，体现在各构成要素之间的有机协调组合、相互关联、相互作用上，这是形成乡村环境整体美的重要因素。为此，必须处理好整体环境与局部环境、普遍特征与个别特征、共性特征与个性特征的问题，保证乡村形体环境与文化环境的统一性。

整体协调，包括生态整体性、文化整体性和风格整体性。

1）生态整体性体现为乡村景观是一个完整的生命系统，组成景观系统的各个要素不是各自独立、互不相关的，景观的各个要素是在整体的约束下相互作用、相互制约，才形成了景观的整体结构和功能。这种整体性表现为水平关系的整体性和垂直方向的连续性。

2）文化整体性表现为人文过程的可持续性。作为一个乡村，从萌芽、产生和发展过程中形成了人们之间的文化认同，包括语言、风俗习惯、思维和行为模式，以及生活方式和生产方式。共同的文化认同使得各个民族在文化上各不相同，对于某一地域而言，这种文化认同具有空间性，同时也具有时间的连贯性。

3）风格整体性指文化的视觉形象的一致性和可比较性。如建筑形态、服装服饰、色彩、饮食、生产等，这些构成了不同地域的物质形态，它们彼此之间相互联系、互为影响，体现了一种和谐和完整。德国哲学家谢林在《艺术哲学》中说道："凡是没有整体观念的人便没有能力来判断任何一件艺术作品。"真正的艺术作品，唯有整体才是美的，个别的美是没有的。这种整体性和协调性是景观的内在属性和品质，任何的割裂都会破坏这种完整性，所以系统论认为"1+1>2"。系统的功能不等于单个元素功能的叠加，它们会产生新的系统功能。单个景观元素的形象叠加不能展示景观的整体形象。景观的整体形象是不属于单个要素的整体的风格特征。这种风格的整体性就表现为协调性、一致性和完整性。因此，不应单一地研究和强调景观各个要素的完整和独立，而应将环境中每一个单元视为连续统一体中的一部分，注重环境整体的连续性。

乡村的景观特征是统一和协调，尤其表现在外在视觉形象和空间特征上，这种物态要素是基于相同的自然环境、历史条件、经济条件、文化背景、宗教信仰下形成的，它们是一贯的，是相互交织的网络系统。因此，整体性是景观设计的基础性原则，也是进行景观设计的方法指导。

四、开放性原则

乡村景观的开放性是指景观系统的生态开放性、非平衡性和景观资源使用的平等性。按照生态学系统论的观点，景观是一种通过物质、能量、有机体、信息等生态流而形成的复杂系统，景观的结构特征是景观中物质、能量、有机体等空间异质分布的结果，是一种依靠不间断的负熵流维持其功能和特征的开放的非平衡系统。这种非平衡系统具有自组织性。熵是系统无组织程度的量度，是系统不可逆性和均匀性的量度。系统的最终状态趋向均质化，是一种熵增过程，任何系统要维持一定的组织结构，必须存在一定量的负熵流。物质和能量的输入成为景观结构复杂性的第一决定因素，同时也决定了景观功能的潜力。景观资源的平等性是指人作为景观的参与者和使用者具有均等的权利。

乡村景观是供所有人享有的开放的公共交往的领域。乡村景观就是要创造这种开放性的领域，满足村民进行交往的社会行为，这种开放性体现为社会的平等性和民主性，在景观规划设计中要体现这种享有空间资源的平等性。由于社会化程度的提高，乡村景观也逐渐由内向型转向外向型，体现在空间结构上为开敞性和共享性的增强。乡村不再具有实在的围墙、沟壑，而是提供了更多供大众活动要求开放性的环境和公共使用空间，增加了村民之间的沟通和联系，乡村景观也向外在世界展现出开放的姿态，这种开放不仅是资源的开放，更是资源利用的合理分配和均等性。

中国传统的乡村大多是封闭的、内向的，每一家都有独立的院墙，乡村的公共空间少。乡村的范围小，人际交往的频率高，具有很强的地缘关系。人们的彼此交往可以促进形成对乡村的认同感、领域感、归属感和安全感。因此，乡村的景观规划设计要适当增加这种开放性，塑造更多的户外的活动空间和公共环境，容纳和支持村民的户外活动和心理感受。开放空间的设计要考虑如下的问题。

（1）注重开放空间系统布局

一个良好的乡村环境应是由宏观、中观、微观等不同层次的开放空间共同组成的，它们在形态上表现为点、线、面的特性。"点"是指微型公园、街头绿地、道路交叉口、小公共空间等节点空间；"线"是指商业街、步行街、滨江路、林荫道等线性空间；"面"是指中心公共空间、码头等。乡村景观设计在对以上形态的开放公共空间设计时要从定位、定量、定形、定调四个方面来把握。

（2）塑造空间的"人性化"

在塑造开放空间环境时，应满足人们的生理、心理、行为、审美、文化等方面的需求，以达到安全、舒适、愉悦的目的。注重宜人的尺度，增强空间的亲切感和认同感；强调参与性，环境设施不应仅具有观赏性，更应创造条件让人们参与活动，使审美、参与、娱乐渗透与结合。同时提倡开放性，建筑总体应打破那种"画地为牢"的设计方法，拆除不必要的围栏护墙，还空间于公众。

（3）促进交往

在塑造开放空间时，应促进人们的交往，包括提供良好的景观条件、场所及环境设施以供人们休息、交流。环境场所要向心、围合。此外，场所应保证有充足的阳光，适应季节变换。

五、地域性和可识别性原则

（一）地域性

我国存在大量景观特色鲜明的传统乡村。这些乡村具有鲜明的地域特色和独特的乡土气息。乡村景观规划要能充分体现它的地域性，深入挖掘其文化内涵。在乡村景观规划中，要体现当地人的生产方式、生活习惯、传统文化、民俗民风和宗教信仰。要尊重当地的自然条件、气候条件和地理环境，这样才能使景观具有地域性、文化性、符号性和可识别性，构成具有乡土特色的景观形式。切忌照搬照抄，盲目追求，形成"千村一面""千乡一面"的现象。

要因地制宜，实时、实地、实情、实因地进行乡村景观规划设计，要吸纳总结当地村落布局方式的合理性与科学性，在时代背景下谋划合理的布局方式，既不能墨守成规，也不要贸然革新，要注重理性的分析与归纳，寻找地域性的生长因子，结合时代的材料、生产生活需求、审美变化，做到既要尊重当地的自然条件和历史文化，又要具有设计的开放性、时代的呼应性和功能的满足性。

乡村景观的地域性是基于自然条件之下的人文地理景观的形式。只有对当地自然环境、社会环境和文化资源进行充分了解，才能体现出景观的地域特征。只有对乡村现有的文化遗产进行收集整理，深入研究当地的历史沿革，了解当地的民俗风情，进行符号化的提炼，才能增强当地居民的归属感与认同感。

（二）可识别性

景观的可识别性包括空间环境设计的可识别性和文化活动的可识别性。可识别性是指事物能有效地被人们所认识。乡村的可识别性首先在于乡村形象的突出性和特色性。同时，可识别性还在于形象的整体性、一致性和个别性。任何一个乡村都有其独一无二的特征。因为乡村是最具有文化基因的景观综合体，从自然到社会再到文化都具有最好的一体性和完整性，各景观要素之间密不可分，所以形成了各具地方特色、各具风韵的乡村风貌，进而人们利用这一特殊形态进行认知。乡村的可识别性还在于乡村结构形象特征的可识别性，它是乡村空间环境的基本属性之一。美国规划学家凯文·林奇在《城市意象》一书中提出，认知具有五个具体要素，包括道路、边缘、区域、节点和标志，其中节点是道路的交汇点、公共空间、人行通道等，是人们进行认知的重要场所。乡村景观设计要在空间结构设计中，对这些意象要素进行重点处理，从建筑形态、比例空间、色彩材质上进行突出，通过对这些要素的合理设计，使环境具有鲜明的特色，具有自己的主题与特征，更加有利于形成乡村的可识别性。

文化活动是指村民的生产活动、生活方式、民俗传统、祭祀娱乐等。特定地域环境下人们的文化活动也显现特殊性，人们会形成不同的劳作方式、耕作工具、农作种类和语言、风俗、服饰、饮食和信仰方式，并通过具体的活动形式表现出来，这些特定的内容和形式使得特定环境具有自身的特征。

乡村景观的可识别性是指不同的乡村之间、景观之间的差别性，它以地域为尺度，强调地域的差别性，景观的整体性则表现在乡村内部形式的一致性和完整性。同时，一个乡村内部之间也要具有统一之下的差异、协调之下的对立。

六、景观多样性与生态可持续性原则

（一）景观多样性

乡村景观是复杂的地域生态系统和人文生态系统的综合。一个生态系统要保持稳定，就要维护生物的多样性，要保持景观多样性、物种多样性和基因多样性。要在维系乡村生态安全格局的基础上，依据自然生态过程将生态系统的概念引入其中进行景观规划设计。我国乡村地区的生态系统要素由于人工化的参与，要素简单、物种有限，也就是说乡村生态系统的安全性和稳定性不高。因此，在乡村景观规划设计中，要增强它的异质性构成，通过丰富物种结构和景观结构形式来增强当地生态系统的稳定性。

景观多样性原则也包括社会和文化的多样性。从人类的审美心理而言，富有变化、复杂的景观元素往往容易得到人们的喜爱，单调、单一的景观元素容易使人厌倦。因此，在乡村景观规划中尽可能形成多样性的景观。

（二）生态可持续性

1987年，《我们共同的未来》（世界环境与发展委员会）第一次明确给出可持续发展的明确定义：既满足当代人的需要，又不对后代人满足其需要的能力构成危害的发展，在不危害后代人需要的前提之下，寻求满足我们当代人需要的发展途径。可持续发展的思想认为：当代人的发展与后代人的发展机会平等，在一定时间内资源消耗的速度不可以超过同一时段内该资源的自身恢复能力；当前的经济发展应不损坏后代人的生态环境。要保持公平性、持续性和共同性。

在乡村的改建过程中，部分乡村过于追求单纯的经济增长、眼前利益和局部利益，忽视了乡村整体利益和长远发展。忽视对社会环境、文化形态和民主管理等多方面的综合，就容易出现环境被破坏、文化被断裂、民主难实现的乡村问题。

第二节　乡村景观空间的设计方法

空间是与实体相对的概念，空间和实体构成虚与实的相对关系。空间相对宇宙而言是无限的，而对于具体的环境事物来说，它却是有限的。景观设计可以抽象为空间关系。空间的结构不仅是生态的结构形式，空间也是人类活动的容器和人们进行感知的心理要素，我们讲空间设计，更注重人工塑造的空间。这种景观空间是剥离了材质要素之后景观的内在表现形式，是人们进行意向性构成的概念，是人们进行先验性、感知加工的形式之一。景观设计的本质是空间的组织与构成关系。空间的质量由材质、光影来决定。所以景观设计的核心就是空间组织与构成的设计。

一、空间构成

乡村景观中的聚落空间，是自然环境中进行人为限定的空间形式。聚落的外围空间相比较而言，水平向度的视觉结构松散，范围缺少边界，没有明确的几何规制，缺乏完整性。乡村的聚落空间则是在无限中的有限形式，是人们进行自我价值实现的人为性的塑造，是有目的性、自为性的精神表达。芦原义信认为："建筑外部空间是从自然当中限定自然开始的，是从自然当中框定的空间，与无限伸展的自然是不同的。外部空间创造的是有目的的外部环境，是比自然更有意义的空间。"

聚落空间的限定，在乡村空间环境处理中有着十分重要的意义。人们对乡村的认知往往是通过对聚落空间的认知来实现的。外部空间环境与聚落空间一样，可能是相对独立的整体空间，也可能是相互联系的序列空间。与聚落空间不同，乡村外部空间的设计主要应考虑的是自然的要素。

用某种要素围成我们所需要的空间，这个被围合起来的空间才是我们的主要目的。包围要素不同，内部空间状态也有很大的不同，内外之间的关系也将大大受到影响。老子《道德经·十一章》道："三十辐，共一毂，当其无，有车之用。埏埴以为器，当其无，有器之用。凿户牖以为室，当其无，有室之用。"意思是说，三十根车辐共著车毂，正因中间是空的，车子才能运转使用；用陶泥作器皿，正因器皿中间是空的，器皿才能盛放食物；建造房屋正因为中间是空的，房舍才能居住使用。因此，有形有象，利益万物，虚空万物，妙用无穷。一幢建筑，有或形是建筑空间存在的依据，无或空间是建筑得以使用的目的。一个乡村的意义也恰是空间所赋予和满足的。从建筑内部、庭院、街道和公共场所，无不是空间的组织和组合。

实体要素就是"有"，是辐、埴和户牖，它们对空间进行了限定，是空间得以存在的条件，没有绝对抽象的空间形式的存在。对于景观空间而言，必须有界面的围合，才能形成具有一定尺度和范围的空间形式。有和无是相互依存、互为因果的。

这种界面包括底界面、侧界面和定界面。界面形式在各空间有其具体的材质感，包括地形的变化、高差的变化、铺装、草地、树木和孤掷的雕塑等。

乡村中的建筑既是围合外部空间的侧界面，同时建筑内部也包含着空间，所以墙体既围合出了建筑空间，也围合成了街道空间。

从单一建筑的角度，我们主要研究它的空间构成关系，从建筑群体的角度，研究街道和群落的关系，只不过建筑增加了屋顶的形式，而街道缺少了顶界面的限定。因此，乡村当中的建筑是最为丰富的构成要素，建筑个体形成了乡村景观的实体美，建筑群体和空间的组合形成了乡村景观的空间美。

乡村之所以能如此生动，就是因为它的房屋能够恰当地相互协调。如果没有这种相互协调，那么无论有多少美丽的房屋，城镇的面貌仍旧会变得散漫杂乱。建筑主要就是通过其形式来完成与参与者对话的，人也主要是通过建筑的形式在其中表达自己的思想与情感。

二、空间形态

空间造型方法是从设计方法学的角度，对空间的形态、光线、色彩、材质等构成要素进行提炼、抽象，按其生成原理进行描述的方法。

形态是设计对象最基本的空间特征，形态的创造结合了设计者在基本功能要求理解下的艺术趣味和审美理解，是基于空间的功能特征的表达、材料和结构特点的发挥。空间的形态要素不光有实体的"点""线""面""体"，还包含了"虚的点""虚的线""虚的面""虚的体"，而"虚的体"便是一种特殊形式的空间。

（一）点

点是视觉能够感觉到的基本单位。任何事物的构成都是由点开始的，点作为空间形态的基础和中心，本身没有大小、方向、形状、色彩之分。在环境景观中，点可以理解为节点，是一种具有中心感的缩小的面，通常起到线之间或者面之间连接体的作用。线和面是点得以存在的环境，是点控制和影响的范围，同时也是点得以显示的必要条件。点只有与空间环境组合才会显露它的个性。

在环境中，点有实点和虚点之分。实点是小环境中以点状形态分布的实体构成要素，是相对空间而言的点，本身有形状、大小、色彩、质感等特征。虚点是指人们在环境中进行观察的视觉焦点，它可以控制人们的视线，吸引人们对空间的注意。在环境中，虚点可以分为透视灭点、视觉中心点以及通过视觉感知的几何中心点。①透视灭点：指人们在观察中，通过视觉感知的空间物体的透视汇聚点。②视觉中心点：指在空间中制约人的视觉和心理的注目点。③几何中心点：指环境空间布局的中心点，空间的组成要素往往和它有对应的关系。运用点的积聚性及焦点特性，创造环境的空间美感和主题意境。

点具有高度积聚的特性，且容易形成视觉的焦点和中心。点既是景的焦点，又是景的聚点，点往往成为环境中的主题主景。在环境设计时，要重视点的这一特性，要"画龙点睛"。这种手法的表现可以运用以下几种方式：在轴线的节点上或者轴线的终点等位置，往往设置主要的景观要素形成景观的重点，突出景观的中心和主题；利用地形的变化，在地形的最突出部分设置景观要素；在构图的几何中心布置景观要素，使之成为视觉焦点。

点的运动、分散与密集，可以构成线和面，同一空间、不同位置的两个点之间会产生心理上的不同感觉，疏密相间，高低起伏，排列有序，作为视觉去欣赏，也具有明显的节奏和韵律感。在乡村景观规划中，将点进行不同的排列组合，同样会构成有规律有节奏的造型，表示出特定的意义和意境。

在景观环境中布置一些散点，可以增加环境的自由、轻松、活泼的特性，有时由于散点所具有的聚集和离散感，往往也可以给景观带来如诗的意境。散点往往以石头、雕塑、喷泉和植物的形式出现在景观环境当中。

（二）线

线也是空间形态中的基本要素，是由点的延续或移动形成的，也是面的边缘。线的种类很多，有直有曲。直线中分为垂直、水平和各种角度的斜线；曲线的种类更多，可分为几何曲线和自由曲线。线与线相接又会产生更复杂的线形，如折线是直线的结合，波形线是弧线的结合等。不同线的组合可以创造各种空间的风格。另外，还有一种不可忽视的线——虚线。虚线在建筑空间中也是很常见的，如轴线或各部分之间的关系线等。轴线在空间中有比较重要的作用，它是贯穿整个建筑群体的中心和灵魂，它对人的行为和视线有很好的引导行为，在空间中与人行动的流线相重合。

方向感是线的主要特征，一条线的方向影响着它在视觉构成中所发挥的作用，在环境设计中常利用这种性质来组织空间。

直线在造型中常以三种形式出现，即水平线、垂直线和斜线。直线本身具有某种平衡性，虽然是中性的，但很容易适应环境。在环境中，直线具有重要的视觉冲击力，但直线过分明显则会使人产生疲劳感。垂直线给人以庄重、严肃、坚固、挺拔向上的感觉，在环境中，常用垂直线的有序排列造成节奏、律动美，或加强垂直线以取得形体的挺拔有力、高大庄重的艺术效果。斜线动感较强，具有奔放、上升等特性，但运用不当会造成不安定和散漫之感。

曲线的基本属性是柔和性、变化性、虚幻性、流动性和丰富性。曲线分两类：一类是几何曲线，另一类是自由曲线。几何曲线能表达饱满、有弹性、严谨、理智、明确的现代感，同时也会产生一种机械的冷漠感。自由曲线富有人情味，具有强烈的活动感和流动感。曲线在设计中运用非常广泛，环境中的桥、廊、墙及驳岸、建筑、花坛等处处都有曲线的存在。

（三）面

把一条一维的线向二维伸展就形成一个面。面可以是平的、弯曲或扭曲的。平面在空间中具有延展、平和的特性，而曲面则表现为流动、圆滑、不安、自由、热情。就设计而言，平面可以理解为一种媒介，用于其他的处理，如纹理或颜色的应用，或者作为围合空间的手段。

从概念上讲，面有长度和宽度，而没有深度。面是可辨认的，有明确的轮廓线。面在透视的变化下会出现变形，只有正面观察时，才是它真正的形状。面还可被看成是体积或空间的界面，起到限定体积或空间界限的作用。在建筑空间中，最常见的是楼地面、墙面、顶面以及一些隔断等。平面比较简洁，缺少变化，有时显得单调，但是经过精心组合与安排后也会产生有趣和生动的效果。斜面可以给空间带来变化，同时也带来空间的透视感。

面除了具有实体的一面以外，还有虚的一面。虚的一面通常有以下两种情况。一种是利用磨砂玻璃、纱窗等光线和视线可以部分通过的材质，形成透光不透像的现象，以使人感受到空间的分隔，感觉到虚面的存在。这种空间既分隔又相互渗透，形成有分有合的效果。另一种是指空间分隔的面形成的虚面感觉，如一排并列的柱子或是一排并列摆放的花卉可以形成虚面的感觉，将空间分隔成不同的区域。

（四）体

体有规则的几何形体，也有不规则的自由形体。在建筑空间中，特别是较大的空间中，多以几何形体为主。体占据的空间部分是实体（如建筑、墙体、柱体等），由实体所围合的空间是虚体（如墙体与墙体之间围合、墙体与柱体之间围合、墙体中的门洞和窗洞等）。体的概念也常常与"量"联系，体的重量感与材质、表面肌理、造型、尺度、色彩、光亮度等密切相关。一般来说，尺度大、表面粗糙、色彩深的体给人的感觉就比较重些。在任何一个建筑空间中，形态的实体要素总是要与空间综合起来共同作用的，它们之间的组合方式是多种多样的，实体与空间是虚实相映的关系，实体要素或者空间界面之间的关系、比例、尺度等同时也决定了建筑空间的比例、尺度和基本形式。

（五）光线

光线是人们感知空间必不可少的条件，它能够巧妙地与建筑空间相结合，定义其轮廓并展示空间。因此，光线是除"形"之外对空间产生较大影响的因素。

光环境是由光（照度水平和分布、照明形式和颜色）与颜色（色调、色饱和度、室内颜色分布、颜色显现）在空间中建立的同空间形状有关的生理和心理环境。光环境设计要运用很多学科的基础理论，如建筑学、物理学、美学、生理学、心理学等，它既是科学，又是艺术，同时又受经济和能源的制约。

三、环境空间的表现形式

（一）围合与通透

建筑空间是由墙体、地面、顶面等围合而成的生活庇护所。乡村公共环境是建筑的外部空间，由建筑物的相互关系形成对自然空间的分割、围合与塑造。这些空间被建筑学家称之为"没有屋顶的建筑"。它们由地面、建筑物的立面组成。要在不是由六个面构成的空间中体会空间形象，需要观看者有视觉经验的参与和联想思维的填补。人们把空间隔开，分为外环境空间和内环境空间。不论是外环境空间，还是内环境空间，内外空间有趣得体的延续，是最佳的环境空间设计。

围合与开敞，虚拟与实体，隔断与通透，衔接与分离，重复与单一，设计师们把这些特性加以变异、组合、演化，创造出千变万化的环境空间以适应生存空间的需求，并注入了艺术要素。空间是艺术美最大、最广的载体，人们创造空间美，反过来，空间美也在改造人们，于是见仁见智，各有所好，生存空间的时代是个性化的时代。

不同建筑在乡村中的分布与排列，占据实的空间；建筑物与建筑物之间的空隙则形成通透，这是虚的空间，这些虚空间的处理反过来又规范、影响着建筑物的造型与视觉效果，影响乡村生活的质量和村民的生活交往。在一定意义上说，景观设计正是在这围合空间与通透空间中增添乡村的活力。

围合的形成方式和构成元素是多种多样的，除了建筑，其他的如围墙、绿篱、树丛、栏杆、柱子、水面灯的高差都参与了对空间的围合。

空间的产生是否闭塞、是否通透，形态是否清晰，主要的衡量标准便是围合度。只有实体围合度达到50%以上才算建立有效的围合，单面与低矮的通常被作为边界。边界虽有对空间划分的暗示，但不具有强制性，只有依靠特定的社会约定才能进行规范。

（二）虚与实

实，即实实在在的一面墙、一个山坡。虚，即视觉形态与其真实存在的不一致。比如围墙，采用通透式围栏，围而不挡，让里面的景物以虚的形式展现在大街旁，增加乡村的宽敞感和美感。从视觉上讲，明暗关系也是虚实关系的延伸。明是实，暗是虚，它可以是构成物的采光、亮度、阴影部分，也可以是物体表面的装饰色彩，还可以是物体对材料反光形成的效果。采光强、反光鲜明、色彩鲜艳的设施，因其色彩醒目而形成明的、实的效果；采光弱、阴影多、反光差、色泽深沉的设施不醒目，因而具有隐退的感觉，形成暗的、虚的效果。景观设立在怎样的明暗关系中，在设计前就需进行整体的构想，明确"光"的意识，否则就会形成空间视觉的明暗失调、色彩对抗，或亮闪闪的一片，形成"光污染"。

通过空间的围护面创造空间的虚实关系，具体有以下几种表现形式。

1）虚中有实：以点、线、实体构成虚的面来形成空间层次，如路边的行道树，广场中照明系统、雕塑小品等都能产生虚中有实的围护面，只是对空间的划分较弱。

2）虚实相生：围护面有虚有实，不挡视线，如建筑物的架空底层、牌坊等，既能有效划分空间，又能使视线相互渗透。

3）实中有虚：围护面以实为主，局部采用门洞、景窗等，使景致相互借用，而这两个空间彼此又较为独立。

4）实边漏虚：围护面完全以实体构成，在其上下或左右漏出一些空隙，虽不能直接看到另一空间，但却暗示另一空间的存在，并诱导人们进入。

（三）图与底

图与底是一种在对比、衬托之中产生的关系。自然中的蓝天白云、红花绿叶都反映出了一种对比与衬托的关系。在平面设计中，图与底的关系是密不可分的，有时甚至是反转的关系，在设计时首先要了解图底各自的特征。图的特征包括：有明确的形象感，给人强烈的视觉印象，在画面中较为突出。底的特征包括：没有明确的形象感，给人模糊的视觉印象，没有形体的轮廓。在图面中产生图感有以下特点：色彩明度较高的有图感；凹凸变化中凸的形象有图感；面积大小的比较中，小的有图感；在空间中被包围的形状有图感；在静与动的两者中，动态的具有图感；在抽象的与具象的之间，具象的有图感；在几何图案中，图底可根据对比的关系而定，对比越大越容易区别图与底。

这种图与底的关系会互相转换。若将某一要素置于空间中，立即会在该要素周围形成向心的倾向或图与底的关系，突出的要素在视觉印象中显示图的性质，其周边的环境则构成底的背景。由于这种空间感只是一种心理感觉，所以它的大小强弱是由要素的造型、位置、肌理、色彩、质量等共同决定，体量大、位置明显、造型独特、色彩夺目的景观便具有较强的图的倾向。凸起、凹入、架起，利用地层高差的变化，强调与其他空间的区别；暗淡与明丽的色彩；不同质地的对比；产生空间的图与底，前进与后退的感觉，从而打破单调的空间形象，这是对环境美学的关注。

景观中的焦点效果也能促使空间形态产生图与底的感觉。当空间中的形象突出，或体形高耸，或造型独特，或具有高度的艺术性，成为引人注目的焦点时，尤其当它置于整个空间中心产生向心感时，便会令人感觉它是图；而环境中的其他物体都成为中心的陪衬，便令人感觉其是底，虽然这是人们的心理感受，但也说明景观中心焦点设计的重要性。

（四）层次与渗透

空间层次有向深部运动的导向：一是运用景观中的组织使环境整体在空间大小、形状、色彩等差异中形成等级秩序，如中国群体空间中的多级多进的院落，在空间中分出近、中、远的层次，引导人们的视线进行向前、向远渗透，从而引导人们前进；二是从人的心理角度出发，建立起与环境认知结构相吻合的空间主次的划分；利用实体的尺度和形式有效划分空间，表现并暗示相关空间的重要性；三是以实体的特殊形式塑造环境的主角，尽管尺度相对小，但也往往能从环境当中脱颖而出。

空间层次讲究领域组织。领域即人在事实上或心理上占有一定范围的空间，有个体的领域、家庭的领域和社会不同群体的领域之分。环境空间要满足不同类型的领域要求，如儿童乐园、老年人活动场所等。领域又分为公共领域、私密领域和半公共半私密领域三个层次。公共领域是为社会群体所共享的空间；私密领域为个体、家庭和单位所专有；半公共半私密领域是两者之间的过渡。实际上，这些空间领域并不是完全分割的，它们常常重叠并互相连接。如在广场的周边设立一些提供庇护、不受侵犯的小空间，确保小范围的交际需求，体现对人的更多关怀。公共领域总体上是以开敞形式出现，但如果没有足够的边界围合，会因失去不同领域的空间而丧失意义；同样，空间也会因缺少人的参与而缺乏活力。半公共半私密领域往往以对视线不形成阻碍的边界来划分，形成公共领域与私密领域的过渡。

四、空间的类型

（一）封闭空间

用限定性较高的围护实体包围起来的，在视觉、听觉、小气候等方面都有很强的隔离性的空间称为封闭空间。封闭空间具有很强的区域感、安全感和私密性，不存在与周围环境的流动性和渗透性，其性格是拒绝性的、内向的。

（二）开敞空间

开敞空间的开敞程度取决于有无侧界面及其围合程度、开洞的大小及启闭的控制能力等。开敞空间是外向性的，其限定度和私密性较小，强调与周围环境的交流、渗透，讲究对景与借景，与大自然或周围空间的融合渗透，其性格是开朗的、活跃的，具有接纳性与包容性。

（三）固定空间

固定空间是指经过深思熟虑的使用功能不变、功能明确、位置固定的空间，可以用固定不变的界面围隔而成。

（四）可变空间

可变空间与固定空间相反，为了能适合不同使用功能的需要而改变其空间形式。常采用灵活可变的分隔方式。

（五）静态空间

静态空间一般形式较稳定，常为对称式，其空间比较封闭，构成比较单一，视觉常被引导在一个方位或落在一个点上，以达到一种静态平衡。

（六）动态空间

动态空间，或称为流动空间，往往具有空间的开敞性和连续性的特点，其空间构成形式变化多样，常使视线从这一点转向那一点，使视觉处于不停流动的状态。

（七）虚拟空间

虚拟空间是指在界定的空间内，通过界面的局部变化而再次限定的空间，如局部抬高天花板或降低地面，或以不同材质、色彩的变化来限定空间。因此，这种空间限定性弱，没有十分完备的空间隔离形态，但可以用很少的装修来获得较理想的空间感。

（八）虚幻空间

虚幻空间是指利用室内镜面反映的虚像，在有限的空间内造成空间扩大的视觉效果。因此，对于特别狭小的空间，常利用镜面来扩大空间感，并利用镜面的幻觉来装饰、丰富室内景观。除镜面外，还可利用有一定景深的大幅画面来营造空间深远的意象。

五、空间的关系

（一）空间里的空间

一个大空间可以包含一个或若干小空间，也就是母子空间。大空间与小空间之间很容易产生视觉及空间的连续性，并保证空间的整体性。

（二）相邻的空间

邻接是空间关系中最常见的形式，它允许各个空间根据各自的功能或者象征意义的需要，清楚地加以划定。相邻空间之间的视觉及空间的连续程度，取决于它们既分隔又联系在一起的那些面的特点。

（三）穿插空间

穿插空间是由两个空间构成，各空间的范围相互重叠而形成一个公共空间地带。当两个空间以这种方式贯穿时，仍保持各自作为空间所具有的界限及完整性。

（四）过渡空间

相隔一定距离的两个空间，可由第三个过渡性空间来连接或联系。像音乐中的休止符或文章中的顿号、逗号一样，以加强空间的节奏感。在这种空间关系中，过渡空间的特征有着决定性的意义。

六、空间序列

序列是指空间上按功能依次排列和衔接，如外部—内部外部结合—内部、公共的—半公共的—私用的、动的—中间的—静的；时间上按相随的次序逐渐过渡，也可跨越不同层次的领域。从街道进入庭院，再从庭院到达室内，这一空间领域的变化便很大，如果在每一空间的过渡中充分体现空间层次的序列变化，以实体的功能、标记、节点形成一连串的视觉诱导和行为激动，呈现一种向既定目标运动的趋向，使人的情绪随景物的变化而形成心潮的递变。

空间序列是指按一定的流线组织空间的起、承、开、合等转折变化。景观上应服从这一序列变化，突出变化中的协调美。在乡村景观规划设计中以"均好景观"为设计的主导思路，注重乡村空间及环境的相互关联，强调其空间的连续组织及关系，强调一种有机的秩序感。

乡村环境空间是为村民提供的公共活动空间，其中的各种景观设施，以它们的形态、体量、位置，影响并塑造着人们对乡村环境空间的视觉感受。乡村环境空间会引起人们的种种联想，并形成对特定空间的审美知觉。当它们与人们的活动交织在一起时，人们又会以自己的前后左右的位置及远近高低的视角，在对周围物体的参照中形成各种不同的空间感受及空间心理审美。

序列空间的创造原则主要有以下两条。

1）整体原则：序列空间的创造是城市空间属性要素，即点（景观点）、线（道路）、面（广场）相互结合、共同作用的结果，这就要求无论动态的交通空间还是静态的休闲场所，是和谐的流动还是跳跃的变化，都需从城市整体环境目标出发，对现状散乱的城市空间施以重整。

2）功能原则：公共活动是乡村活力所在。序列空间的组织是以满足乡村景观空间的各种功能为前提的。人与车以集散型（如集会）、巡回型（如流动交通）、滞留型（如聊天）三种基本的活动方式，在乡村空间中构成了运动的主体。

序列空间以不同的形态对不同人文背景、不同内容的人流、车流及其集散、巡回、滞留等方式给予合理的组织与布局，给予有计划的诱导与控制。在对于乡村交通、生产、生活等功能的需求上，要以动态的眼光看待乡村公共空间，为持续的发展留有余地。

中国传统的空间序列主题与目标指向往往是含蓄的，只有按照规定的路线曲径通幽，才能达到环境的中心，获得空间的意蕴，如故宫中以层叠的门道、高墙、院落为到达太和殿而作铺垫。

空间序列组成一般有四个阶段：起始阶段——具有突出视觉标志性的空间或实体形式，如牌坊等；铺陈阶段——以各种空间形式和层次反复渲染以强化空间氛围；高潮阶段——是序列设计的目的与重心，最终揭示谜底，获得该空间的意蕴；终结阶段——重新将人们导向环境整体的外部，使人们的情绪趋于平静。

第六章 农业景观设计

农业景观是农耕生产活动中在自然资源基础上形成的半自然的人地关系，是基于农业生产活动的景观，它受到气候条件、地形地貌的直接影响，具有一定的脆弱性、地域性和季节性。

人类最初的园林，无论中方还是西方，都是以实用性为主。西方的园林，不仅是观赏和游憩的场所，很多情况下也是进行生产和园艺实验的场所。可以说，西方园林发展的原型是农业景观，并且由于西方园林一直保持着实用性的传统，其历史园林也一直与农业景观关系密切。

我国是农业大国，农业种植自古就拥有悠久的历史渊源和发展基础。合理规划和发展农业景观，既是响应国家农业发展的政策，也是促进农业现代化的必然要求。

第一节 农业景观的设计原则

加拿大的卡尔松教授最早提出了农业的景观意义，他认为农业不仅具有实用价值，还有审美的景观价值。

一、生产方面

农业景观是乡村景观中的重要组成部分，它是基于农业生产活动的景观，具有很大的生产性功能。

（一）科学化

现代农业景观是技术和科学的结合。要把农业种植的生产、管理、销售以及各类过程科学化、技术化、规范化，实现生产效益的最大化。在进行农业景观规划时，要优先考虑生产效益，以生产景观为基础进行规划。之后再由生产景观带动其他功能乡村景观的发展，增加农村经济社会效益。另外，在建设的过程中要处理好经济效益与土地利用之间的关系，更要处理好经济效益与生态保护之间的关系，以实现科学发展。

现代的农业景观规划设计要在全面科学地了解农业景观特征的基础上，采用科学的方法与技术，系统、整体、全面地分析和利用各种景观要素，形成具有良好生态价值、经济价值、社会价值和艺术价值的环境。

（二）产业化

农业景观的产业化是现代化的要求，是科学化思想下技术化和规范化的必然要求，这是社会进步的必然趋势。要使得农业要素和资源之间有机整合，打破传统的零星化和破碎化，要体现工业思想的整体性、机械性、现代化及信息化功能。挖掘农业景观的多元化发展途径，如旅游、文化及科研价值，用农业景观化的语言将人们的科技示范、体验观光和消费参与等行为纳入休闲活动的范畴，提高了经济效益，有利于环境保护和可持续发展。

（三）参与性

乡村景观为以农民为主的人群提供休闲娱乐、生产生活等功能，通过各构成要素的组合，还可以改善乡村的生态环境，所以说乡村景观满足了人们的生活、生产、文化等多项需求。

乡村景观的参与性意味着乡村景观的公众性，这种参与性可以表现为人与人、人与自然、自然与自然之间关系的亲近性，也使得每个村民都能成为乡村景观的参与者和所有者。

二、景观生态方面

（一）可持续性

乡村景观规划要注重通过共生方式控制人类环境系统，实现与自然的合作，乡村景观规划必须围绕人与景观展开，人类的各种社会经济活动不能违背景观生态特点，两者的互利共生是景观优化利用的前提，是景观规划设计的终极目标。乡村景观规划的目标要体现从自然和社会两方面去创造一种充分与自然融合于一体、天人合一、情景交融的人类活动的最优环境，诱发人的创造精神和生产力，提供高的物质与文化生活水平，创造一个舒适优美、卫生、便利的聚居环境，以维持景观生态平衡和人们生理及精神上的健康，确保生活和生产的方便。

（二）乡土性

乡村景观规划要凸显乡村鲜明的地域特色和独特的乡土气息。要根据当地地理气候特征，因地制宜地规划出适合当地运行的方案，要能充分体现它的地域性，深入挖掘其文化内涵。在乡村景观规划中，要将生活方式、生活习惯、传统文化、民俗民风、宗教信仰等融入规划中，加强乡村景观的可识别性、特色性、文化性和地域性，要特色突出，提升吸引力，构成具有乡土特色的乡村景观。

（三）生态化

从生态的安全格局上讲，农田在一定程度上能够有效地阻断疾病的传播，起着生态隔离的作用。要改变传统的农业生产方式，建立稳定的农田生态系统。同时结合农田林网的建设，要建立合理的基底—斑块—廊道生态格局，增强农业景观的自我补偿和恢复的生态功能。

三、美学方面

农业景观在满足了生产及生态方面的基本原则要求后，也需要符合人的审美观念，使其具有内涵，给人带来视觉美与心灵美的享受。

（一）艺术性

农业景观的艺术性主要表现在其形式的美感上，主要是通过视觉感官的冲击力来达到美感的体现，包括几何、对称、比例和均衡等形式美规律。农业景观美不仅反映在形式美的规律上，还反映在形式的内容上，这方面强调的是功能的本质属性，不是具体"形"的整齐、均衡，而是形式的优美、自然的和谐统一。农田的美是和农业生产相依托的，长期以来，农业劳作不管是劳动对象、劳动者或劳动工具，都被赋予了深厚的文化内涵，从社会层角度来体会，更能带给人们朴实美的体验。

（二）文化性

不同的地域会形成不同的文化环境，农业景观的文化影响着农业景观的形成，农业景观中也沉淀、凝结着丰富的文化内涵。各地的民间艺术、风俗习惯都是在时间的历史长河中沉淀下来而形成的特有文化风格。中国几千年的农业文明形成了自己的农业文化特征，在农业景观中有着广泛的体现。

（三）多样性

农业景观是复杂的地域生态系统和人文生态系统的综合。一个生态系统要保持稳定，就要维护生物的多样性，保持景观多样性。因此，在乡村景观规划时，要在维系乡村生态安全格局的基础上，将自然生态过程和生态系统的概念引入其中，如通过增加物种丰富程度来增强当地生态系统的抗干扰能力。

第二节　农业景观的设计方法

乡村景观区别于城市景观的最大特色在于生产资源，农业景观因地域不同而表现出巨大的差异，每个地区的人们根据不同的自然地理条件和经济条件因地制宜地进行农业生产，形成了不同的农业景观特征。在农业景观系统中，按照生产类别的不同可以将农业景观分为农田景观、林地景观、观光园地景观、渔业景观及牧业景观。

一、农田景观

农田景观是由农作物种植的土地上的空间和物体所构成的综合体，是以农田为主，受人类生活生产影响强烈，以耕地为中心的自然景观，是农业中最基本的景观单元。农田向人类提供稻、黍、麦等主要粮食作物，花生、芝麻、葵花、蓖麻、黄豆等油料作物，还有白菜、萝卜、土豆、菜花、番茄、黄瓜、辣椒、茄子等常见的蔬菜。可以说农田是乡村农业景观中最具特色的部分，也是农民整日耕种劳作的主要场地。

（一）农田景观的分类

农田景观依据所种植物的不同，可以分为麦田景观、稻田景观、玉米农田景观、谷物农田景观等；依据地势条件的不同，可以分为平原农田景观、丘陵农田景观、山地农田景观、高原农田景观；依据农田的地形条件不同，可以分为梯田景观、圩田景观、垛田景观、旱田景观、水田景观、坝田景观等农田景观。

1. 梯田景观

梯田景观是丘陵山区和干旱地区的基本农田景观之一，是在丘陵山坡地上沿等高线方向修筑的条状台阶式或波浪式断面的田地景观。梯田景观的通风透光条件较好，有利于作物生长和营养物质的积累。按田面坡度不同，梯田景观又有水平梯田景观、坡式梯田景观、复式梯田景观等之分。梯田景观的宽度根据地面坡度大小、土层厚薄、耕作方式、劳力多少和经济条件而定，应与灌排系统、交通道路统一进行规划。修筑梯田景观时宜保留表土，梯田景观修成后，应配合深翻、增施有机肥料、种植适当的先锋作物等农业耕作措施，以加速土壤熟化，提高土壤肥力。

2. 圩田景观

圩田景观是指沿江、濒海或滨湖地区筑堤围垦成的农田景观，其农田地势低洼，地面低于汛期水位，或低于常年水位，在四周筑上土堤以防水，堤上有涵闸，正常情况下闭闸护水，干旱时开闸放水。其中，地势较低、排水不良、土质黏重的低沙圩田，大多栽种水稻；地势较高、排水良好、土质疏松、不宜保持水层的高沙圩田，常栽种棉花、玉米等旱地作物。

3. 垛田景观

垛田景观是指因开挖网状深沟或小河的泥土堆积而成的垛状高地农田景

观，其地势高、排水良好、土壤肥沃疏松，宜种各类旱作物，尤适合生产瓜菜。但垺田间有小河间隔，不便行走，应用小船接送，再加上田面较小，不利于机械化作业。

4. 旱田景观

旱田景观是指土地表面不蓄水的田地，或浇不上水的农耕农田景观。人们充分利用土地本身的生长肥力，利用天然降水等自然条件发展各种农作物生产活动。在我国，旱田景观主要分布在北方地区，如东北三省、黄土高原、青海和西藏等地。干旱等自然灾害也会造成旱田现象，使土壤表面干裂。

5. 水田景观

水田景观是指分布于城、镇、村庄、独立工矿区内的，筑有田埂（坎）、可以经常蓄水、用于种植水稻等水生作物的农田景观。水田景观按水源情况可分为灌溉水田景观和望天田景观两类。灌溉水田景观是指有水源保证和灌溉设施，在一般年景都能正常灌溉，用于种植水生作物的耕地，包括灌溉的水旱轮作地。望天田景观是指无灌溉工程设施，主要依靠天然降雨来种植水稻、莲藕、席草等水生作物的耕地，包括无灌溉设施的水旱轮作地。

6. 坝田景观

坝田景观是指在水土流失地区的沟道里采用筑坝、修堰等方法拦截泥沙淤出的农田景观。有些地区把劈山填沟造出的沟台地也称为坝地，故坝田景观又称坝地景观。

（二）农田景观的设计

农田景观设计就是综合考虑农田斑块、廊道的空间格局，对土地利用状况进行合理调整，对农田结构、排灌系统、道路、防护林网等进行合理规划布局和设计，构建农田景观空间结构和谐，生态稳定，社会、经济和环境效益显著的农田生态系统。

农田景观设计的内容主要包括：确定农田规划设计项目区的地理位置、范围以及规模；对项目区进行实地勘察，收集地质、水文、气候、地形、土壤、生物等自然条件、生态条件及社会经济发展状况以及农田土地利用状况、灌排工程等基础设施状况等方面的资料，为农田现状分析和规划设计奠定基础；确定生态规划设计的标准，如灌溉排水设计标准、道路设计标准、田块设计标准以及防护林网设计标准等；确定项目区土地景观格局，包括确定各类用地的空间位置和数量比例关系，以及各种斑块、廊道的位置、形状、大小、朝向、材料、工艺等。

1. 田块设计

（1）田块方向

田块方向一般以田块长边方向为准。田块布置的方向对农作物的采光、通风、灌溉、排水、水土保持、产品运输等有直接影响。田块方向往往是播种和耕作管理的方向，也是渠道、田间道和田间防护林主林带的方向。所以田块方向应利于作物采光、机械化作业、水土保持、降低地下水水位、防风和运输等。通常南北向布置的农田比东西向的产量高。平原地区农田建议以南北方向为宜，丘陵地区的坡耕地宜沿等高线布置，目的是防治水土流失；风害较严重地带的田块方向宜与主风害方向垂直或接近 90°。

（2）田块形状

田块形状产生的生态学效应主要是边缘效应。农田景观中田块的形状不仅影响生物的扩散、动物的觅食以及物质和能量的迁移，而且对径流过程和营养物质的截留也有显著的影响。田块形状与许多生态过程有密切关系，农田弯曲的边界通过环境内物种的活动，加强了与相邻生态系统间的联系。田块的形状还受到机械作业效率和田间管理的影响。规整的形状有利于机械耕作，可以提高耕作效率。农田田块应力求规整，形状以长方形、方形为佳，其次是直角梯形、平行四边形，最忌讳不规则三角形和任意多边形。

田块形状还必须因地制宜，考虑地形的影响。在地形复杂的地区，地块边缘可设成折线，但两边仍要保持平行，并且曲折度不宜大于 30°。

（3）田块大小

田块的大小与农田的生产效率、经济效益直接相连，制约着农田能量和物质循环，决定田块甚至整个景观的功能。大型田块容纳的物种相对更多，更有利于维持和保护基因和物种的多样性，小型田块适宜于边缘种的生存，但不利于内部种的生存和物种多样性的保护。但小型田块占地小，可提高景观多样性，起到临时栖息地的作用，为农田景观带来大田块所不具备的优点，应当看作是对大田块的补充。田块数量与物种的丰富性呈正态分布形式。最优农田景观是由几个大型农作物田块和众多分散在基质中的小田块相连，形成一个有机的景观整体。

田块规模一般确定在 10 公顷（1 公顷 $= 10^4$ 米 ^{2}）左右，平原区规模一般大些，丘陵区规模一般小些。田块的长度主要考虑机械作业效率、灌溉效率、地形坡度等，一般平原区的为 500～800 米；田块的宽度取决于机械作业宽度的倍数、末级沟渠间距、农田防护林间距等，一般平原区的为 200～400 米，具体数值依具体情况而定。项目区田块实际标准为长 80～100 米，宽 20～25 米。

2. 湿地的合理布置

农田中的湿地，是指在天然湿地基础上改造成的以稻田、苇塘、鱼塘、小型水库等为主体的人工农业复合生态系统。湿地的基质是自然土壤，设计湿地床体的外形边界时倾向于模仿一些自然湿地，采用一些流线型的外形边界，尽可能地保留原有风貌。湿地弯曲底部变化要多，为野生动植物提供最适宜的栖息场所。一味地追求裁弯取直，对野生动植物的生存环境会造成很大的影响。

湿地的边坡宜为缓坡。边坡陡峭，则湿地内水位变化过大，造成物种无法稳定发展。缓坡湿地可以减少水位高低的变化幅度，降低由于对湿地推移而造成的生态冲击。

湿地的堤防、护岸和护底工程要选择有利于生物生长的材料，保护河道的水生态环境，减少河道工程对生态环境的不利影响，不宜采用混凝土板或浆砌石、沥青等硬质材料，这些材料会造成水和空气之间交换的阻隔，可以采用草皮、卵石、大块石、护坡石等通透的材料，不仅可以防止水流的冲刷，还可覆土种植植物。

湿地四周应栽植树木，可以为野生动植物提供栖息、遮阴的场所，并缓和调节水温的变化幅度。若缺乏植物易造成日光直射，加大昼夜温差，对生态环境产生不利的影响。植物的栽植要考虑多样化和丰富的处理手法，树种的选取要适地适栽，同时要考虑色彩、形态的艺术性。

湿地水深一般为 0.1～0.6 米。在人工湿地的构建中，要注重湿地植物的选择。湿地植物主要分为挺水型植物、浮叶型植物、漂浮型植物、沉水型植物四类。要结合不同地域的特点，利用洪没枯出，形成旱湿交替的人工湿地，做好高低湿地用地结构的湿地农业生产规划和布局。对于地势低洼的地域可以挖塘筑基，养殖种类丰富的淡水鱼，利用鱼粪肥塘、塘泥培基，合理搭配高效的人工湿地生态农业模式，在积水较浅的沼泽湿地可种植水稻。

3. 田间道路布置

田间道路是连接居民点与田块、田块与田块之间的通道，其为耕作机械运行和农业机械化生产创造条件。田间道路应与干、支道有机地结合起来，形成统一的农村道路网。田间道路面宽一般为 3～4 米，生产路面宽一般为 1～2 米。

田间道路还要结合田、林、村、沟、渠进行布置，每条道路要连通尽可能多的田块，减少道路的占地面积，减少道路跨越的沟渠，尽量少修桥涵等工程建筑物，以减少投资；要有利于田间生产和管理，为人畜劳作和机械化使用创造条件。同时要考虑居民的往返距离，为下地生产提供方便；在建造材料上应以土料铺面为主。道路两侧宜种植花草树木，可以使田块内生物得到更好的流通、扩散，以促进生物多样性。

二、林地景观

林业是国民经济的重要组成部分，具有经济效益、生态效益和社会效益，乡村林地改变以农田为单一类型的景观格局，改善农业生产条件和保护环境，增加植物、动物、微生物种群数量，具有调节气温、净化空气、涵养水源、水土保持、防沙尘、抗污染、防风、保护农田，为人类生存提供所必需的原料、食物、能源，以及稳定和增强农田系统的整体生态等功能。

林地可分为天然林和次生林两大类，次生林依据功能用途又可分为防护林、经济林、用材林和特种林。其中，防护林景观和经济林景观是常见的林地景观，防护林带一般位于农田、果树园地、茶园等四周，包括水土保护林、水源涵养林、农田（园地）防护林、湖岸林等。经济林带以生产油料和药材等为主要目的，它们通常种植在山地上，通过大面积的栽植以满足经济生产的需要，同时也能形成优美的景观效果。

（一）树种的选择

首先应当按照"适地适种"的原则，按林地的功能选择适当的树种，并遵循共生互补的关系。防护林带的树种尽可能选择速生树种，且同一林带中种群单一的速生树种更佳，以便早日发挥其防护功能。针对农田的防护林，一般应采用抗风性能好且具有一定高度的树种。

在选择林地树种时，应避免选择对农业生产可能带来危害的树种。另外，树种的选择，还应符合林带的规划要求。园林景观林带一般应以选择树形优美、材质良好、富有季相变化且观赏效果好的树种为主，营造出富有层次变化、景观结构合理且观赏性强的园林景观。

农田防护林带的规划，应该选择一些形态特征有利于形成长方形林带断面的乔、灌树种，而且需要一定的透风能力。应选取花、叶、果、枝等具有观赏价值的乡土树种，对乔木、灌木、地被等不同类型的植物进行优化组合，进一步形成四季皆景、层次分明的林地景观。

（二）位置的选择和栽种方式

设置防护林带时，应与主要污染源风向垂直，采用等株、行距规则的栽植方式，构成一个防护体系。为减少林地的遮阴效果对于周边农作物生长的影响，林带一般布置在渠道或道路的南侧或西侧。其他的林地景观类型，如经济林地和用材林地一般都配植在山林之中。这就要求规划建设时要充分考虑交通组织运输和管理便利的需要。

为增添景观形式，可以充分利用沟渠、道路之间的空闲地、林道的两侧、交叉路口、河流两侧以自然的形式进行孤植或群植林木。在进行植物搭配时，可选择乔灌木相间的方式形成高低起伏的林地景观效果，这样既能盘活闲置土地，又能更好地保护农业生产景观。

混交林相比纯种林具有生长快、材质好、适应性较强、景观效果好的特点。

因此，应根据树种的习性大力营造混交林，充分发挥混交林的最佳生态效应，以实现经济、社会和生态环境效益的最大化。

林木树种的搭配组合应形成高低起伏的景观效果，要注意清除道路拐角或沟渠边上那些阻碍视线的林地，加强对林地线景观的优化和美化。要注重冬季植物景观的营造，尽可能选择适合冬天展现色彩的树种，可按近似色搭配或对比色搭配。

农田边可多配置乔木和灌木，道路、沟渠旁则搭配防护性速生乔木，突出其经济效益和生态效益。风力较小的地区，可以采用透风型结构，以乔木为主，树干部分可大量透风；风力较大的地区，如农田林地可以采用由乔木和灌木搭配种植的方式，防风距离大，效果好。

（三）林地道路规划

林地道路也分为主干道和次干道。主干道主要用于林木的采伐和运输，以宽4米左右为宜，一般以林木面积的大小及地形来确定主干道的数目。次干道的数目较多，以自由流动的线型为主，走势以林木的变化为主导，途经主要观赏景点。道路的铺装大多就地取材，与周围的环境相协调即可。

三、观光园地景观

观光园地景观包含两大类：第一类是传统的园地景观，包括蔬菜大棚园、果园、茶园和其他经济园地；第二类是新型的农业景观类型，这类园地景观主要由农业科技示范园、休闲农庄等组成。

传统型农业观光园是把农作物的生产环境演变为一种休闲观光的景观环境，以普通农业作物产品的生产、加工过程以及农业产品和副产品作为观光的一部分，通过对农业园区的规划设计，利用农业作物以及农事活动来吸引游客，同时还是一种规模较小、具有教育意义的以体验和休闲为目标的旅游方式，如各类采摘园、果树园等。

随着生产的发展和科学技术的进步，园地的概念也发生了改变，出现了一些新的农业景观类型，这类景观可为游客传授农业历史、生产文化和农业技术，向游客展示现代农业科技。与传统园地景观不同，这一类型农业观光园以市场为导向，以科技为依托，以效益为中心，以优美的农业景观、人文景观和乡情民俗，构成特色浓郁、景观优美的观光休闲农业旅游基地。

（一）总体布局

总体布局是指在基于前期分析和设计构思的基础上，对观光园的总体景观进行布局。要确定设计思想和设计的总意图。要以保护自然环境和生态环境为前提，结合周围环境，将园区的周边、整体和局部的三个层次进行有机契合，要符合自然规律，注重园区的地域特征，充分利用原有地形地貌，尽可能就地取材，确定园区的发展规模，考虑园区的内在关系和空间的联系，充分发挥园区各个分区的功能，展现园区的个性特色。

根据景观生态学理论的指导，以道路作为园区的基本骨架，根据场地的性质合理布置各分区，充分考虑各分区的独立性、完整性及分区之间的联系。

（二）功能分区

农业观光园的功能分区大致可以分为入口服务区、生产种植区、文化展示区、观光体验区、管理加工区等几个部分。

1）入口服务区：该区可在一定程度上引起人们的心理变化，暗示人类情感的转变，可起到界定的作用。作为园区的门户，应具备一定的辨识度和特色。入口空间应设置入口场地、停车场和服务接待区。入口场地可设置小型的公共空间区域用于集散活动；停车场可采用草砖结合乔木种植的生态停车场形式；服务接待区应提供园区导游等专业服务，综合性的观光园可设置旅游品销售中心等，入口区还应设置园区游览指示牌。

2）生产种植区：该区是观光园农作物的生产区域，应该进行集约化管理，科学化生产。另外，还可用于展示园区先进的现代科技种植技术、养护手段、栽培方式等，同时可以设置专门的采摘区。

3）文化展示区：该区是园区重点建设的区域，主要展示农产品历史发展、文化内涵和地域民俗特色，可以建立农产品博物馆、档案馆、地下酒窖等。该区一般是游客参观的必经场所，客流量较为密集，可提供包括购物、表演等在内的活动项目，对相关服务的提供要求较高。

4）观光体验区：该区可为游客提供相关参与性的体验活动，如观光、垂钓、采摘、农田耕作等。让游客体验农事劳作、生产加工，同时也可在该区域设置相关的餐饮、度假、住宿等服务性功能。

5）管理加工区：一般为园区的生产厂房和办公管理、接待外宾的场所，以及园区办公人员住宿、餐饮的区域。

6）其他区域：根据园区的具体情况设置，或为园区扩大发展准备的预留场地。

四、生产相关景观

生产相关景观，即在生产作物过程中所涉及的一切与之相关的场地、设备和建筑等，如水塘、沟渠、粮仓、果园、菜园、牧草地、晒谷场等。此类景观在农耕体验中都有着不可忽略的作用，是重要的农业景观资源。

农田作为一种景观，它是真善美的综合体。农田的真在于它体现了人对大地的真诚与默契，是人最本真性格的体现；农田的善在于它为人们提供足够的生活资源与生存资本；农田的美在于它的形式、色彩、空间以及尺度。

第七章 乡村聚落形态要素设计
——乡村天际线的设计

天际线是远距离平视乡村时，地域内的实物在天宇背景上投下的轮廓，也叫天际轮廓线。天际线并不是真正存在的线条，而是在天空背景下人们对城镇总体轮廓形象的感知。优美的乡村天际线常常是乡村的标志。吉伯德说："进入和离开乡镇的景观是乡村的珍品，它是景观设计的重要组成部分。"天际线即是乡村竖向度的形态，更容易被人感知。天际线是表达乡村文化特征和形体特征的重要因素，优美的城镇天际线是城镇与自然和谐的结果，可以给人以美感。

第一节 乡村天际线的设计原则

乡村天际线的设计原则主要体现在以下五个方面。

1）美学原则。天际线作为乡村景观的重要组成部分，应具有韵律性、和谐性、层次性和主从统一性等诸多美学特点。

2）经济可能性。乡村天际线设计时也必须慎重考虑乡村的经济因素，对地段的性质、使用强度、建设强度等条件进行综合考虑，避免孤立地塑造形象与乡村经济情况脱节。

3）动态原则。乡村的天际线是长期积累发展的结果，是一个动态实现的过程。不能将某个天际线控制方案看作是一成不变的，对实际发展中出现的偏差，要以积极的态度和方法进行调整，不断完善天际线的形象。

4）生态原则。乡村天际线的塑造要充分尊重乡村中的山脉、植被等生态因素，对生态因素加以利用，使人工环境与自然环境达到和谐共融。

5）历史文化原则。对历史文化名城、名镇或古村落要进行严格的保护，保护宜人的空间轮廓，制定建筑物高度控制方案。

第二节 乡村天际线的设计方法

乡村天际线是乡村自然地理条件、气候条件、经济水平、乡村文化等共同作用下长期发展而形成的。乡村的整体景观在很大程度上取决于它所处的自然环境，按照地形特点大致可以将乡村天际线分为以下两类进行设计。

一、山地乡村的天际线设计

与平原乡村相比，除了由建筑物、构筑物等顶部凸显部分构成轮廓线外，山地乡村的天际线还包括由山脊线和绿化植被形成的山体轮廓线。即使位于同一视点，山地城镇天际线也不是唯一的，而是多重的，它由几道轮廓线叠加而成。尤其是在云雾氤氲时形成时隐时现和层层渐远的叠加效果，是山地乡村特有的一道景观。山地乡村的天际线大致可以分成两个层次：由人工环境形成的轮廓线叫作人工天际线；由自然山体和植被形成的轮廓线叫作自然天际线。自然天际线是人工天际线的一次背景，天空又是自然天际线和人工天际线的二次背景。在天际线设计中要坚持以下三种原则。

（一）和谐性

设计天际线时，不但应该注意人工天际线的总体形象塑造，同时应注意人工天际线与自然天际线的组织。按照这两道天际线的不同位置关系，可以分成四种图式：①人工天际线低于自然天际线；②人工天际线与自然天际线交叉；③人工天际线高于自然天际线；④人工天际线与自然天际线近似或同高。

在乡村景观设计中，首先要尊重并利用自然。吉伯德说过，景观是具有特点的。设计中要结合地形，把它作为乡村的特征与个性进行考虑。自然的轮廓线是最天然、最原始、最本质的美，要把它充分融入乡村的天际线中。人工天际线低于自然天际线和人工天际线与自然天际线交叉这两类图式，较好地保留和发挥了自然轮廓线的"神斧"之作。人工天际线高于自然天际线，则突兀人工、有悖自然，抹杀了乡村的天然特征。从审美角度而言，平行或近高的天际线过于僵直、机械或随从。

（二）图底关系

在"图"与"底"的关系中，要使"图"与"底"可视面积取得视觉平衡。乡村其可视面积应占山体可视面积的 2/3 以下，尽可能避免"图"与"底"可视面积的相等或接近。

（三）虚实相间

这里的"虚"是指山体和森林植被，"实"是指建筑物、构筑物等实体。虚实相间在水平方向上是要求建筑物、构筑物成团布置，在垂直方向上要求建筑物、构筑物的轮廓线应该有高低变化，从而获得天际线的韵律感和节奏感。

天际线是视觉感知的景观，因此存在一个构图问题。在设计时，应该根据乡村性质、规模、自然条件和历史文化传统，形成单心或多心的构图图式。在控制建筑物、构筑物高度的同时，对其顶部的造型加以精心设计并严格控制，从而形成不同风格的天际线。

二、自然景观平淡的乡村天际线设计

这类乡村的天际线多是由人工建筑物、构筑物和绿化的顶部凸现而形成。按照形成元素的不同主要有以下几类。

（一）城墙围绕的乡村轮廓

缘于防御守卫和管理而修建的城墙是我国历史城镇规划的特色之一。全国保存至今完整的古城墙也不过七处。它们都有统一的格式：高大的城墙，呈方形环绕城区，构成一个封闭体；以明亮的天空为背景，灰暗色的水平城墙舒展地平卧在大地上；入口处有突出的高大的箭楼，四周呈现出平缓、优美、曲折的轮廓线和丰富的明暗变化和阴影层次；城墙上有守卫用的马面和箭孔，为水平单调的高墙嵌上了一条花纹边，给人以韵律感。在天际线设计中要坚持以下几个原则。

1）历史主导性。保证城墙在天际线形成中的主导地位，隐藏、控制或排除影响城墙轮廓线的其他因素。

2）协调性。天际线的其他形成元素要与城墙的轮廓线保持协调，无论是高度控制还是天际线节奏韵律方面。这种协调还可以来自尺度、比例、质地机理、材料等的协调。

3）和谐性。在一定视距范围内，天际线元素的色彩也会对天际线的形成产生影响。由于城墙固定不变，它就成为其他天际线元素的主色调。要注意它们之间色彩的联系性和主从性。色彩相似可以使天际线连为一体，对比色彩会强化自身。淡色尤其是白色，由于与天空的对比强烈，更加会引起视觉的注意。由于城墙色彩都很凝重，其他天际线元素的色彩也要保持厚重。

（二）绿荫环抱的乡村天际线

这类乡村不是以人工的构筑物和建筑物构成轮廓，而是以树形的高低起伏呈自然的曲线，由此而形成的绿色天际线。这是一种经济、高效的处理手法。尤其是对于经济能力不强、自然条件较好的乡村，采用这种构图方式既可以获得优美的城镇景观，又可以改善乡村的环境。要想获得这种效果，应注意两方面的问题：一是控制建筑物的层数和高度，一般房屋在 8 米以下，不要超过一般乔木的高度；二是控制建筑的密度，保证有足够的绿地空间。尤其是在乡村的四周，更要注意绿地与建筑物的相互配合，互为衬托。在树种的选择上，要考虑树冠树形和生长高度以形成美丽的曲线，切忌树种单一。要根据地形变化使乔木与灌木、常青树种与落叶树种、针叶树种与阔叶树种合理搭配。

（三）建筑绿荫互衬的乡村轮廓

乡村的建筑多以三、四层为主，层数较低，轮廓较为平淡，没有鲜明的差距。

在设计中，主要是充分利用建筑之间的高低错落来产生起伏和节奏。尤其要注意较高建筑在天极线中的布置，同时要注意以下几个问题。

1. 建筑高度

不同的建筑高度是形成天际线的主要因素。高度对于天际线的形成有着极为直接的影响。在天际线中，高度突出的建筑总能成为视觉的标志。但是无限制的发展高度可能会打破已有的天际线。对建筑物的高度进行控制，是控制天际线普遍采取的有效手法。在建筑物的高度控制中，应避免"一刀切"，因为这样容易导致单调平板的天际线景观。不仅要指定分区控制高度，还应依据用地和环境特点，确定一个最高限制高度和较高的建筑物应出现的位置。这样就可以在保证整体环境质量的前提下，取得空间高度上的变化。

2. 建筑形体与体量

天际线是"实体"的人工环境与"虚体"的天空的结合。建筑是构成天际线最重要的实体要素，它的形体和体量对于乡村的天际线有很大的影响。大体量的建筑可以吸引视觉注意，但在一定水平距离内，大体量建筑过多会造成天际线的单调，并给人以压抑感。因此，天际线的建筑形体要有一定的统一性和秩序性，大部分的建筑应平实，作为乡村的背景，而只有少数建筑具有特殊的形体，起到标志性的作用。

3. 建筑顶部的设计

建筑的顶部与天空相接，可以说对天际线的影响最为直接。天际线韵律、秩序的形成除了依靠建筑的高低起伏外，建筑顶部的形式也同样重要。缺乏变化和个性的顶部设计会使天际线失去活力。但几个顶部出色的建筑单体并置，也可能会因为没有综合考虑其整体形象，而彼此缺少呼应，产生混乱的整体效果。顶部从形式上分，主要有平顶、尖顶、穹顶和坡屋顶。平屋顶与天空的交接比较生硬，但多个平顶建筑组合，也可以产生丰富的轮廓线。对平屋顶做生动的处理手法很多，如在建筑顶部退台，在二维和三维方向进行顶部减、切、割或在顶部设计构架等。

第八章 乡村聚落形态要素设计
——乡村的街道空间设计

　　乡村内的街道是引导性、复合性的空间，具有交通与生活的双重功能。街道有生气，乡村就有生气；街道沉闷，乡村也就沉闷。街区作为乡村自治管理和公众参与的基本单元，也是居民认知乡村的基本单元。街区使乡村的各项功能之间有机整合，交通方式多元化，使居住空间与外部空间之间联系紧密、便捷，形成乡村肌理，为发展现代乡村交通提供可能。街区的功能决定了乡村的院落模式和交通组织方式，还影响着乡村的建筑和街道所呈现的形态特征。乡村的街区占地都较小，周边以道路形成轮廓，且与乡村其他支路相连，形成网络形的道路结构，街区内部以庭院为单位组成，沿着街区的建筑多是顺应街道走向布局，形成街区的向外辐射和向内吸引的边界线，同时把乡村的公共生活和庭院及建筑内的内部生活联系了起来，组成了不同街区之间相互弥合和对应的链条，这个链条上承载了乡村公共服务性的功能，串联起村委会、学校、祭坛等公共建筑，形成了乡村公共空间的边界线。建筑立面风格协调、形式统一，形成了一道完整的乡村街面。因此，街道上的建筑在利用乡村空间及街区的整体塑造，不但完成自身营造，保证了内部的私密性，也形成了完整连续的外部空间界面，形成了街道空间的围合，组成一种可容纳多种日常生活的积极空间，文化娱乐空间及工作空间、消费空间等，形成了街区使内外空间渗透，增强了乡村活力。

　　鲁道夫斯基在《人的街道》中阐述道：街道不可能同周围环境分开，它不会存在于什么都没有的地方，作为一种空间形态，街道必然是因为物质界面的存在而产生的，街道的界面也可以是不同质的行道树、河湖水岸、山体崖面。但在乡村环境中，它往往依靠于周围的建筑，依存于建筑的形态而存在，是建筑立面的二次性的围合或是延生的围合形式，也就是说，街道伴随着建筑的存在而存在。街道空间作为乡村的主要公共空间，它不仅具备交通的功能，也容纳了休憩、娱乐、商业、观赏等几乎所有的非居住活动。尤其是在传统的村落中，街道构成了人的活动路线和物的流动范围，是乡村居民进行公共交往活动的开放性场所。

　　街道空间是底界面即地面和其两侧的侧界面（即建筑立面）所形成的一个线性的带状空间形态，建筑立面和地面形态构成了道路空间的内部空间结构形式和秩序。广场可以看作道路空间的局部放大，它是乡村道路空间体系中的重要节点，既是道路的间隔、延续、转折，也是乡村道路空间的结合点和控制点。作为公共空间，它反映了一个乡村特有的空间形态特征和机构组织特点，构成了人们的户外活动场地，成为乡村建筑艺术、环境艺术的综合。

从人对环境的认知心理上讲，道路、边界、标志、节点是最容易产生认知地理的要素，而这些要素基本是以道路为纽带来串联的。所以人们对一个乡村的认识，也是从对乡村的街区、街道开始的，从对街道两侧的建筑形式、地面铺装、空间围合尺度进行认知的。乡村的特色也基本体现在这些方面，所以设计好街道空间是乡村景观设计的重要环节和成败要素。

第一节　乡村街道空间建设的基本要求

乡村街道是乡村空间的外部性空间，承载着乡村的多重功能，包括交通、生产、娱乐、休闲等。乡村的自然环境、人们的社会观念、文化习俗、社会发展、科技进步及乡村的社会关系和组织结构均会对街道的空间形态、结构布局、材质肌理产生影响。不同时代环境下，乡村的街道也在发生变化，虽然这种变化的幅度相较城市街道的变化较小，但是它也有着自身的发展规律和变化模式。

一、交通的要求

街道作为乡村景观的廊道，它的作用就是对不同斑块进行连接，包括连接贯通、缓冲渗透与分割。乡村内部的街道也是用不同居住功能斑块的联系而存在。乡村街道作为连通功能的主要表现就是承载人和车辆的交通。乡村生活节奏平缓，生产的季节性较大，所以乡村街道自身的交通量较小。联系内部功能的各级街道的交通流速慢，截面量小。一般过境交通要道会避开整个村落，但往往会影响整个村落的发展方向和发展形态。乡村内部的街道空间均是人车共存的模式。交通工具主要有人力车、畜力车、电动车、燃油车，且多为生产性服务。为改善乡村的交通环境，提高人们的生产生活质量，现在的乡村街道不断实现硬化路面的铺装，有石材、砖材、沥青和混凝土等不同级别的路面形式。一些乡村中还种植了行道树、花坛等，乡村街道的景观效果不断改善。

二、功能的要求

街道是乡村居民活动最频繁的场所。乡村中的所有活动几乎离不开街道。在中原一带，甚至是就餐也会在街道中进行，每到中午就餐时间，各家人往往是端着饭碗站在大街小巷或门口路边，街道成了大家就餐聊天的大食堂和会议室。另外，街道也是人们散步、遛弯、闲聊、看热闹和找乐趣的好地方。乡村传统街道空间的功能形态多是自发形成的，所以其布局形态随机、偶然，更增加了这种功能空间之间有机联系的必然性。社会的发展又使得人们的生活方式和观念越发多样化、现代化，所以乡村街道的多功能性现在越发明显，正是乡村街道自身功能的不明确性这一特点，使得街道的生活越发显得丰富、充满活力。

三、空间特性和景观艺术的要求

街道作为乡村景观的线性元素，具有控制、引导人们体验和感知乡村的作用。如果把庭院作为乡村的私密性空间的话，那么街道就是乡村的公共开放空间，它具有开放性、包容性、兼容性。从街道的功能性特点就能了解到这一特质。在历史的发展过程中，乡村的街道骨架和空间形态是相对稳定的，如街道断面的比例尺度、色彩体系等。即使在新的历史变化中，人们往往更换的是材质和纹理，却依旧保留传统的街道形态，因为这是乡村的骨架，这种骨架形成了乡村的性情和特征，这种性情和特征是稳定的、延绵的。

街道景观在时空的四维向度里，在现实化、未来化地流淌着，我们说乡村景观在背负着过去、承载着未来，在当下的实践与时间流中生成与表现。它在空间上是三维的，在时间上也是三维的。这里交织着过去、现在和未来，这里渗透着变化和期待。我们既可以从时间的纵断面去看待乡村的景观，也可以从时间的横断面去了解乡村景观。在乡村街道中，不同场景之间的叠置、过渡、抑扬、掩遮，最终引导人们体验到场景积累的过程。其中，建筑是街道景观中具有识别性和可意象性的主导性要素，沿街建筑的比例尺度、风格形式与它连续而明确的形式赋予了街道以体验的内涵，或者说建筑形式与街道景观在相互之间彼此生成，互为因果。

四、绿化的要求

街道绿地是乡村绿化系统的重要组成部分，它以线的形式广泛存在，联系着乡村中分散的"点"和"面"状绿地，共同组成完整的绿地系统。

乡村最大的色彩就是自然色彩，绿化植物是道路生态功能的最大体现。这些绿化贯通了村落内部与外界田野、山川，也串联了不同的池沟坑塘、院落绿地，形成了乡村最大的生态链条的完整性。

绿植四季不同的形态和自身的文化意义，使得它在景观整体中分量最重，丰富了街道的视觉效果和色彩形式，也丰富了环境效果。乡村绿化要根据不同地段的绿化基础、地形地貌、土壤条件，以及农田保护和交通安全等多种因素适地适树。考虑乡村道路绿化与干线公路绿化、农田林网和村庄绿化相衔接，在树种选择上，要以绿化美化和经济为主，做到绿化与美化结合、生态效益与经济效益结合。街道绿化要以街道空间为骨架，结合乡村周边的自然环境，把乡村内部的庭院绿化等零散的绿地串联为具有体系的绿化系统，构成人们的户外生活环境。

五、细部设施的要求

细部设施按功能划分有实用性设施和景观艺术性小品。实用性设施有交通功能性小品和生活服务性小品，如路灯、交通指示灯、交通指示牌、路标、候车亭、自行车架、无障碍设施、柱廊构架、垃圾箱、邮筒、报刊亭、饮水机、时钟、锻炼器械等；景观艺术性小品是指那些为增添艺术气息、美化环境的设施，如花坛、雕塑、喷泉、叠水瀑布、地面艺术铺装、装饰照明等。

乡村环境设施设计要扬长避短，发挥优势，保持经济适用的特点，尽量采用本地的建筑材料和施工方法。

1）设计要符合人体工程学和行为科学，细部设计要符合人体尺度，并且布置的位置、方式、数量应考虑人们的行为心理需求特点。

2）材料的选择要注重人性化，如金属座椅适合于常年气候温暖的南方地区，木制座椅由于热传导性差，适合于北方地区。在北方的冬天，积雪容易使表面光滑的材料打滑，所以不应该使用磨光石材铺地。

3）设计环境设施时，要追求其功能的综合效益。例如，设计花坛、水池并不仅仅是为了美化点缀，将花坛、水池边适当加宽还可以兼作休息的凳椅，还有些坐凳环绕高大乔木设置，既可以供人休憩，又起到保护树木的作用。

第二节　影响乡村街道空间的要素

影响乡村街道空间的要素包括实体性要素和非实体性要素，实体要素主要是物质形态的要素，非实体性要素是实体性要素的延展，如人文、社会要素等。

一、实体性要素

实体性要素包括建筑、植物、自然山水等。从物质层面讲，空间应该是有边界的，对于街道而言，没有两侧的建筑围合，难称其为街道。建筑是街道空间形成的主要边界形式，建筑对于街道空间的形态起着重要甚至是决定性的作用。从人使用的角度而言，街道是人们日常活动的场所，而人的日常活动总是要与它周围的建筑有关。所以人们对街道的感知，就是对建筑外立面围合的感知。建筑和街道之间相辅相成，密不可分。建筑的高度越大，街道的开合比就越小，它的封闭性越强。反之，空间感较弱。对于街道而言，建筑物的体量、色彩、风格、形式应尽量保持一致。街道的质量来自于建筑的表现和始终如一的连续性。过分强调个性特征就会破坏街道空间。植物和山水等则具有很大的通透性，使街道的内外空间贯通，它向外延伸了街道，同时也把外部的空间渗透进街道来。从空间的性质上看，这种亦内亦外、亦分亦合的穿透使街道具有很大的模糊性。

植被铺装、环境设施、文化小品也对构成街道空间有不可忽视的作用。从空间角度而言，铺装地面构成街道空间的底面，其他要素则形成对街道的二次、三次围合和划分，是街道整体空间的再次组织，绿篱、行道树是空间的线性分割，环境小品则是空间的设置。从使用角度而言，花坛、观赏植物可以装点街道，丰富空间景观，其色彩、形式的变化可以令人产生空间的变化感。铺装的形式和材质可使两侧建筑立面得以连接，使街道实体立面得以延续。它们相互连接、互为影响，使街道空间更加完整。

二、非实体性要素

非实体性要素主要是通过地面的高差、地面铺装等的色彩变化作为设计手法来实现。它利用人们心理对图像的形成规律，把这些元素组织成有一定秩序和逻辑的图形，产生"图底"关系的分离，从而确定街道空间的大小和范围。由于乡村街道具有综合性功能，空间本身就具有很大的复合性和不确定性。

人既是街道空间的使用主体，又是街道空间的塑造主体。正是人创造了乡村，创造了街道空间，使它为人服务，满足人的生存需求。街道为人们提供了一个可以面对面接触的中心场所，也留下人们对空间的记忆。从总体上看，乡村街道两侧的建筑及设施、植被、小品和铺装地面构成了街道空间的客体，而人是体验街道空间的主体，主客体的相互作用构成了全部的街道空间。

第三节　街道的分类

根据使用功能性的不同，街道可以分为三类：交通性街道、商业步行街和生活性街道。

一、交通性街道

准确地讲，应该称交通性街道为"道路"，它在乡村中主要承担交通运输的功能。这些街道联系着乡村的各个功能区，其交通量大、速度快，一般不宜在道路两旁布置大量吸引人流的商业、文化及娱乐设施。这种以交通功能为主的街道从空间角度看，对空间的围合程度没有特殊的要求，与其相关的道路景观主要在于人们在交通工具的认知感受上。由于它的线形、宽度等方面的要求与传统乡村的街道尺度、格局、交叉口的处理等方面有一定的矛盾。可以说，传统乡村街道很难满足现代的交通需求。对于一个人口在 2 万以下的乡村来讲，这种交通流主要是货物和过境车流。这类交通性道路可以布置在乡村的外围。乡村内部的车流和人流形成的交通量总体不大，结合交通工具的使用，仍然可以创造良好的人性尺度空间。

二、商业步行街

商业步行街的主要功能是汇集和疏散商业建筑内的人流，并为这些人流提供适当的休息和娱乐空间。在乡村中，商业步行街是生活性道路，它们往往居于乡村中心，是主要的购物场所。商业街由一侧或双侧的商店组成，几条商业街就可以组成商业区。这些街道不仅满足居民在休闲时间购物、逛街，同时也是乡村的文化娱乐场所，是人们交流的客厅。步行街普遍提高了乡村开放空间的质量和街道空间的舒适度。由于乡村规模、人口等多方面的原因，乡村商业步行街同大中乡村商业步行街相比较，规模和尺度更适合于人流的活动。

三、生活性街道

由于乡村的居住用地占大部分建设用地，因而大多数街道为生活性街道。这些街道的交通方式比较复杂，有各种小型机动车、人力三轮车、自行车和大量的行人，其交通方式的复杂使得交通组织的难度超过了交通性街道。尤其是非机动车和行人的安全与便捷是此类街道设计的主要目标。由于这类街道是乡村居民生活的主要场所，是人们停留时间最长的街道空间，因此，在街道空间和设施的配置上既要满足功能要求，又要在街道景观方面满足各类人群的需求。总体而言，要坚持人行优先的原则。

第四节　乡村街道的基本类型和特征

街道的基本类型有规则式和不规则式，规则式道路多为直线形道路，不规则式道路则为曲线形或折线形。不同类型的街道景观效果也不一样。直线形的街道空间代表着一种连续的可视化的延展。在一定视角下，景观的大小表现的只是距离的远近而已，它体现出一种稳定而和谐的秩序感，道路中心轴线的作用明显，地位突出。曲线或折线形的街道空间，则有转折起伏的变化，道路的方向在前进中有所变化，具有不确定性、可变性和神秘性，其自然而流畅，道路景观空间的变化效果亦明显，尤其是随着道路空间开合的变化，更是增强了街道景观的情感效果。

一、直线形街道

直线形街道形态是最常见的街道形式。作为乡村设计规划者，在择地选址时往往会利用较平坦的地形，这样就有利于直线形道路的规划布局，而且乡村面积普遍较小，更有利于直线形街道的形成。直线形街道使人易于在区域内为自己定位，不易使其迷失方向。直线形街道具有明确的方向性和始终如一的平面线形，空间视线通畅，乡村街道的空间断面的高宽比适中。

在整体的线形立面上，一般要求街道的立面形式不要过于单一，按照日本学者芦原义信的外部空间尺度建议，30 米可以作为一个单位，进行界面形式上的变化。如果直路太长，容易使行人感到疲劳与乏味。芦原义信在《街道美学》曾说过，在街道中，若尽端什么也没有，街道空间的质量是低劣的，空间由于扩散而难以吸引人、留住人。所以会在直线街道尽端的中央或一侧设置标志性建筑，形成视线末端的焦点，将大大提高行人的兴趣。同时为了加强这种视觉的焦点效果，会在一条路的尽端呈现大体量的建筑物或标志物，以其尺度和富于变化的轮廓，使它看上去都居于重要的位置。所以对于街道转角、交叉口、道路尽端处的建筑，要作为街道上的建筑景观进行重点处理。

另外，直线形街道两侧建筑立面的构图要素，应与道路保持均衡和一致。可保持一定节奏和韵律的变化，不能完全相同，也不能过于凌乱，要把握好景观空间模式理论的运用，同时这种模式也可以延伸到街道两侧人行道的铺装形式的变化、环境小品配置的距离等。

二、曲线形街道

直线形街道形式比较严谨，街道布置形式整齐，而曲线形街道则显得柔和、优美，曲线形街道可以通过一次或多次的方向转换创造出景观多变的空间体验。曲线或折线形的街道空间，是在空间内增加了很多不确定性因素，使得空间的属性多变，使其具有多样性和神秘感，自然就增加了情感的丰富性。

曲线形街道多应用于两种情况：一是交通功能弱、生活功能强的窄幅街道，通过路面线形的变化创造丰富趣味的生活空间；二是有地形需要的场合，如山地和滨水地带，为保持自然地形的原生态，曲折线形是最常用的选择。

在曲线形街道中，也会在转折的地方设置标志性建筑或进行特殊处理，以丰富街道空间。依靠在道路两侧不规则边沿，为了与道路平行，建筑往往会在山墙位置形成参差不齐、凸凹有致的错搭形式，具有很好的空间转折性，有的可以利用这些错角空间进行绿化，具有良好的景观效果。以竖向的分割形式平衡了街道向前延展的水平感，为乡村街道带来无穷变化的景观效果。

乡村街道主要是直线和曲线这两种形式综合组成。弯路显得平滑自然而富蕴生机，直路则更加秩序均衡而有力。在乡村建设中，要根据实际的地理环境、地形和现状来进行街道类型的选择，不是一味拓宽取直，而往往是这两种形式的综合，宜直则直，宜曲则曲。因为乡村的规模不过千人左右，在道路类型的选择上，可以坚持"通而不畅"的原则，要以人们的生活为主，街道要以有利行走、限制车辆为出发点。通过宽窄、路线和方向的转折，提高街道空间的可识别性。

第五节　街道空间的构成

从构成的角度讲，街道空间是由底界面、侧界面、顶界面和街道家具组成的。它们决定了街道空间的比例和形状，是街道的基本界面和环境要素。底界面即地面，就是指街道的路面；侧界面即垂直界面，由两侧的建筑立面集合而成，反映着乡村的历史与文化，影响着街道空间的大小、比例和空间性格；顶界面是两个侧界面顶部的边线限定的天空，是最富于变化和自然的界面；街道家具即环境设施小品。构成街道的四要素之间存在着某种互动关系。建筑物的立面和立面层次影响着街道的体量，建筑物的体量限定了街道的内部轮廓线，建筑物的底层平面限定了街道空间的平面形状，街道家具影响着人们的空间感受。

一、街道的底界面

街道的底界面就是指街道的路面。街道的路面设计可以运用多种材料，如石板、卵石、沥青、砖瓦、地砖，历史上用的更多的是土。这些材料在材质质感、组织肌理和物理化学上的属性各不相同，进而形成丰富多彩的街道路面形式。山地乡村由于取材方便，所以石板路是比较普遍的。在平原地区的城镇，石板路往往是最高等级的街道。除具有各种不同的材质外，街道底面的组成、底面与侧面的交接、地面的变化等都会形成不同的街道感受。道路底界面的组成内容会因为形式的不同而不同，道路的性质、作用、交通量和交通的组成决定了底界面具体采用哪种形式。按照交通种类的不同，街道可以分成步行街和机动车道两类。

（一）步行街

由于只供行人通过，交通内容单一，限制条件很少，所以步行街底界面的形式灵活。在许多乡村中，在历史上形成了各具特色的商业街，所处位置常常是乡村中心区或商业繁荣区，是展现乡村面貌和特征的地段。这些商业街都是以步行交通为基础形成的，街幅虽窄小，但很受群众喜爱，规划时应尽量保留。

设计乡村步行街时，首先要妥善安排好城镇的过境交通，使其能避开这条街而不致影响流量。这就要求邻近有并行的街道可起到疏散交通的作用。其次是附近要设计有公共交通站点和自行车的停寄点。传统乡村步行街可结合城镇生活性道路来设计，这样既能达到居民喜爱步行出行的要求，又能满足一定车辆的通行。一种方式，允许车辆双向通行，车道采用一定弯度的蛇形，每隔一定距离设有一条路障，有意识地使得穿梭其间的车辆慢速前行。人行道要有窄有宽，并可配有座椅、绿化等设施，行人在行走中也能感受到视觉变化的乐趣和交通的便利。另一种方式，以步行交通为主，也让少量车辆进入，这些车辆主要为商店送货服务。但大多数送货车辆在背街小路出入，从商店后门进货。只有背面无法进货的商店，才从前门由车辆或人力送货。街道宽度首先应按街道的人流量来确定其基本尺寸。街道宽度按单人通行 1.0 米，双人通行 1.5 米计算。步行街的底界面以街道公共空间的形式为好，除了供步行者通行的硬质地面外，为了增加街道空间对步行者行走、休憩和观赏的吸引力，还要提供齐全的服务设施，包括座椅、垃圾箱、报刊亭、花池等休息与观赏设施。

（二）机动车道

由于受机动车交通的限制，机动车道的底界面形式固定，主要有一块板、两块板、三块板和四块板等形式。一块板道路在乡村中非常普遍，这种底界面的形式一般是将车行道布置在中间，两侧或单侧是人行道。在一些小路上也有不设人行道的，实行人车混行。这种底界面一般宽度较小。汽车道的基本宽度按照每辆车通行宽度为 3.5 米计算。乡村由于交通设施相对薄弱，车行道不宜过宽，过宽的车行道常常出现在高速行车路上，狭窄的车行道能使交通车辆减速。自行车常常是居民选择出行的交通工具，自行车道单辆通行为 1.5 米，双辆通行为 2.5 米。人力三轮车单辆通行为 2 米，双辆通行为 3.5 米。两块板道路以分隔带区分不同行驶方向的车辆。三块板道路是以两条分隔带区分开机动车行道和两侧的非机动车道。四块板道路是区分开所有不同行驶方向的车行道。由于三块板和四块板道路的要求较高，而且道路红线很宽，在乡村中一般不宜采用。

二、街道的侧界面

街道的侧界面是乡村空间构成的基本环境模式，其布置形式会对街道空间产生重要影响。街道侧界面的构成往往离不开住宅建筑这一乡村中最大的建筑形式的参与。两侧垂直侧界面的连续、封闭感是形成街道空间的重要因素。建筑立面是街道空间界面的主体，不同的建筑立面形式将产生不同的空间效应。自古至今，建筑立面的形式丰富多样。

（一）侧界面的形式

1）悬挑：建筑上部悬挑，可以从视觉上拓宽空间，促使内外空间融合，吸引人们对底部的注意并提供庇护。悬挑多被商业建筑采用。

2）架空：建筑底层架空，可促进空间的流通和渗透，并可用作借景，而不损坏其限定作用。

3）退层：建筑立面逐渐呈台阶式后退，空间层次丰富，可减少大体量对街道空间的压迫。

4）倾斜：倾斜可造成视觉上的错觉。向前倾斜，空间效果同悬挑相似，围闭感较强；向后倾斜，空间效果同退层相似，围闭感较弱。

5）映射：利用大面积的反射玻璃，能映射出空中的景物，隐匿自身形象，有后退融入背景中的效应。

6）曲折：曲折的面使空间具有运动感，并具引导作用，容易形成连续的界面，而又易于与周围环境融合。

7）分离：建筑立面的"皮层"现象，使其内部功能和外部形式发生分离。"外皮"直接服务于乡村空间，"内皮"则是内部功能的直接体现，互不干扰。

8）扭转：建筑上下相互扭转呈一定角度，意欲分别和空间中的有关界面或要素发生对话，常抱着一种兼容的态度融于街道空间。

（二）侧界面的细部设计

街道空间的侧界面，往往采用两种尺度并置的设计手法：一套是环境尺度，它是利于人们远处欣赏的大型尺度；另一套则是人体尺度，它有利于人们就近欣赏细部。细部极大地增强了界面的"耐读性"，丰富了界面的层次与深度，增加了艺术表现力。街道空间界面细部的处理主要体现在以下几个方面：底部边界处理、中部墙体处理、顶部屋顶檐口等处理。另外，色彩、材质等的细化与对比也是细部设计的重要方面。

1. 底部

底部一方面是侧界面与底界面相交部分，另一方面也是与人体联系最近的地方，是表现细部和说明尺度的地方，底部常常能起到承转连接的作用，影响人的视觉、触觉以及嗅觉的感受。

2. 中部

侧界面中部的细部处理主要体现在侧界面的开口方式，开放的程度，材质与色彩的细化分割及对比。侧界面的开放程度、开口面积的大小直接决定了实与虚的对比和空间通透的连续程度，在开放与封闭两极之间，有无数等级的模糊程度，微妙，有趣，丰富，可以做出无限的趣味。开口的方式与分割一方面是对尺度的一再划分，另一方面又影响到界面的纵深性组合和实虚对比。开口深度、大小等的对比可产生强烈的视觉张力，并形成丰富的光影变化、细密的肌理、丰富的立面表情。界面上的线脚装饰、主体的凹凸变化都是对界面主体尺度的再划分。此外，凸窗、窗套等的处理，以及广告等各种设施界面的附加都会对侧界面起到装饰作用。

3. 顶部

自古至今，从东方到西方，屋顶形式丰富，充满变化，一向在侧界面形态中起统治作用，屋顶界面的细部主要由坡度、坡向、屋脊、檐口、天窗、老虎窗、色彩、材质等构成。由于屋顶部分一般离人较远，所以色彩、形式、线脚及在阳光下形成的强烈阴影常给人以深刻的印象。色彩与质感和形状、构图、比例等一样，材料的色彩、质感不仅是界面的基本内容，也是构成街道空间特征的重要因素。材料受时代、地区的局限很大，在不同文化中人们的爱好也不同，它们是地域文化的一部分，给建筑和乡村以特色。因此，在细部设计中应充分利用色彩和质感的调动能力，凸显界面的个性与魅力。

三、街道构成的尺度

在乡村空间中，空间界面对空间的形态、氛围及宜人尺度的营造等各方面均有着很大影响。乡村街道是一个完整的线形空间，处理好各段空间本身的尺度，以及它们之间的比例相对比较重要。街道空间的尺度是由多方面决定的。作为街道空间构图来说，它主要取决于人对街道宽窄的尺度感。要使乡村空间舒适宜人，就必须使形成乡村空间界面之间的关系符合人的视域规律，按照最佳视域要求确定空间断面，才能使人接受。依照人的视觉规律，人眼是以大约 60° 顶角的圆锥为视野范围，人看前方的时候，呈 40° 平视仰角。

1）当街道两侧建筑物的高度和街道的宽度相当时，即 H/D＝1（H 指街道两侧高度，D 指街道宽度。下同），人看前方时呈 45° 平视仰角，这个角度是人眼平视可以辨清界面全高的极限值，可见天空的面积比例很小，而且在视域边缘，人的视线基本注意在墙面上，这个角度大于人眼的合适垂直角度 27°，平视仰角空间的界定感很强，具有很好的封闭感。人有一种既内聚、安定又不至于压抑的感觉。

2）当 H/D＝1/2 时，即人看前方时呈 27° 平视仰角，这个角度正好是人视野的正常垂直角，所以也是观察的最佳视角，可见天空面积比例与墙面几乎相等。由于天空处于视域的边缘，属于从属地位，因此，这种比例关系较好，建筑与街道的关系密切，有助于创造积极的空间，街道空间比较紧凑，仍能产生内聚、向心的空间，是对空间产生封闭感的下限。视角再减少就会使注意力超出这个空间。

3）当 H/D＝1/3 时，即人看前方时呈 18° 平视仰角。人能看到界面背后其他物体，是观察界面全貌的基本视角。街道的界定感较弱，会产生两实体之间的排斥、空间离散的感觉，使人感到空旷，封闭感差。人们使用空间时并没有把它作为整体来感受，而是更多关心空间的细部。

4）当 H/D＝1/4 时，即人看前方时呈 14° 平视仰角。此时，虽然可以看清建筑的全貌，但会有彼此之间分开的感觉。街道失去了封闭感，具有开放性。

5）当 H/D＝1/5 时，人看前方时呈 11° 平视仰角。可以观察到的则是高低错落的建筑的外轮廓关系，建筑之间的相互关系已经很松散。

可以看到：H/D 的比值越小，空旷、迷失的感觉就相应增加，从而失去空间围合的封闭感；H/D 的比值越大，则内敛的感觉越强，以致产生压抑感。在古镇的街道中，H/D 的比例常常大于 2，经常给人一种逼仄却也很静谧的感觉。只要两侧建筑高度不是太高，即使 H/D 更大一些，人也不会感到过分的压抑。

通常人眼在平视情况下，其视距规律如下：0.9～2.4 米，人与人的关系是感到密切的；2.4 米是普通谈话距离，在这个范围内可以用普通的声调并抓住语气的细枝末节，看清谈话者的面部表情；12 米可以区别人的面部表情；24 米可以认清一个朋友，是观察质地细部的最远距离。在乡村生活性街道中为预期创造一种内聚、安定和亲切的环境，街道空间的 H/D 可以控制在 1/3～1，街道宽度的绝对尺度一般不超过 15 米。交通性道路红线根据流量大小确定，但一般也不宜超过 30 米。这样，所有乡村的街道尺度都可以控制在人心里感到比较亲切的范围内。

6）W/D：W 是指临街建筑的立面宽度，D 指道路宽度。立面宽度与街道宽度的比例能体现前进方向街道的节奏感。当 W<D 时，街道会显得极富生气。如果狭窄的街道上出现面宽很大的建筑，这种生动气氛便会遭到破坏。出于功能的原因，建筑立面较长时，可以把立面分为若干段小于 D 长的段落，使街道富于节奏感。

四、街道的序列节点

街道是一条完整的空间，它是连续而富有韵律的。人们在对街道空间的认知和解读的过程中，常常是按各自的片段印象，把一条完整的街道划分成一个个相对独立的段。段与段之间是通过空间有明显变化的节点连接起来的。

节点一般是道路的交叉口、路边公共空间、绿地或建筑退后红线的地方。通过这些节点的连接和分割，使街道的各段之间既有联系又有区别。由节点空间可将若干的各段连接起来构成一个更长的、连续的空间整体。由于有了节点的存在，才使得街道的各段连接在一起，构成富于变化和颇具特色活力的线形空间。从某种意义上说，街道节点就是街道空间发生转折、收合、引导、过渡变化的所在。

1. 转折

在街道空间设计中，往往在需要转折的地方布置标志物或进行特殊处理，从而丰富街道空间。凯文·林奇说："事实上，街道被认为是朝着某个目标的东西，因此应用明确的终点、变化的梯度和方向差异的感受支持它。"道路的转折点如果与空间节点相结合可以更引人入胜，交接清楚的连接可以使行人很自然地进入节点和公共空间，这时节点中露出的独特标识可以起引导的作用。同时，街道改变方向的空间，也是建筑的外墙发生凹凸或转折的地方。转折的处理可以采用很多种不同的处理手法，如平移式、切角式、抹角式等。

2. 交叉

在乡村中，尤其是在传统的乡村中，街道的交叉一般是局部空间放大的空间。在经过狭窄街道空间后，给人以豁然开朗的感觉，也给街道带来抑扬、明暗、宽窄等生动有趣的变化。传统乡村在道路交叉处多会布置水井、碾盘等公共设施，成为人们劳动、闲谈、交往的场所。

3. 扩张

利用街道的局部向一侧扩张，会形成街道空间的局部放大。可以在这种局部扩张的空间布置绿化，形成周边居民休憩、交往的场所，其作用相当于一个小型的公共空间空间。扩张性空间由建筑的入口后退形成，它是建筑入口空间向外的延伸和过渡。

4. 尽端

街道的尽端，常以建筑入口、河流等作为街道的起始节点，是街道空间向外部相邻的其他空间的过渡空间。作为街道空间的起始点，它一般也是整条街道景观序列的起始或高潮所在。因而其设计必须运用特殊处理的建筑、开敞的空间和特色鲜明的标志给予突出和提示。

节点与节点之间形成长短不一的街道的"段"。对于每一段街道而言，其界面也应该有所变化。一条长长的街道，没有适当的划分，将会使人感到乏味。把街道设计成一系列短的"段"，将每一段空间作为一个建筑整体来考虑，就会产生各具趣味和特点的街道气氛。70 米见方到 100 米见方的建筑群可容纳多数的街区功能，所以每段街道间距控制在 70～100 米，然后再用每行程 20～25 米的模数为单元做有节奏的重复，每个单元可以在材质、地面高差等方面有变化，这样就有助于形成一条富于节奏感的街道空间。

第六节　街道地面材质与环境设施小品

地面是所有物质形态的基面，与人接触最多，必不可少。人们的任何行动都离不开地面，人正常的视域范围也是偏向下投向地面的。环境设施小品英文为 street furniture，直译为"街道家具"，也许因为早期环境设施小品产生于街道的缘故，在我国，许多地区仍然按照旧有习惯，沿用门类划分来命名环境设施小品，如建筑小品、园林小品、街道设备、软质和硬质景观等。从环境设施小品的质量和数量上就可以体现环境的质量。在乡村环境中，环境设施小品多为功能性小品，文化性小品欠缺。

一、地面材质

1. 平地

乡村街道地面因为没有高程变化，功能要求相对简单。从使用活动的差别上主要是交通性和停留性空间的不同，可以分为街道和广场两种。地面铺装都要求具有持久性和一定的硬度。因其利用的频度不同，选择的材料也有所不同。一般的街巷，只需满足人和非机动车的交通需求即可，所以仅需简单的基础精装，街道材质宜应采用小尺度、地方性的铺砌材料，如各种砖材或粗加工的石材即可，也可裸露地面。这样会使居民行走时具有亲切感。

公共场所的地面，一般需要采用比较坚实的基础，地面材料可以采用釉面砖或是水泥、沥青，几何的组合形成较大尺度的地面铺装，同时配合各种肌理和纹案，几何形拼成当地文化民俗的地面图案。通过各自铺地的统一设置和图形组织，营造丰富、连续、完整的街道空间及休闲空间，形成具有当地特色的艺术景观。有车形式的街道可以采用硬质高、耐挤压、耐摩擦的水泥或沥青路面。在街道铺装材质的选择上：一是要满足其基本功能，根据各路段具有的不同特点和功能选择不同的铺装材料；二是要满足人对外环境的心理尺度，要把握好30米的基本模数单位，即使在功能相同的路段也要做好形式上的区分，如图案、色彩、高差等，但在整体上必须满足协调性和连续性。

2. 坡地

乡村或是山地乡村中，街道则依山就势，蜿蜒曲折。在街道上会出现不同高差处理的台阶、坡道、平台、挡土墙、护坡、护栏等。在满足行走方便、舒适的条件下，踏步与平台、护坡、围栏等结合，踏步与斜道结合，既可满足牲畜和非机动车的运输要求，也给残疾人出行带来了方便；踏步与绿化、流水结合，可消除行人枯燥乏味的感觉，产生一种步移景异的效果。另外，踏步栏杆的选用，材料特色的发挥，表面质感的加工要从街道整体环境出发，以达到景观的协调性，给人以轻快的感受。

二、环境设施小品

乡村街道中的环境设施小品种类繁多，按其使用功能可分为交通功能性小品、生活服务性小品和景观艺术性小品。景观设计主要对这些设施小品的位置、造型进行布置规划，以丰富乡村环境景观。设施小品的设计需首先满足功能使用的要求，还要满足经济适用、尺度宜人、注重地域特色和生态等几个原则。需要在尺寸和造型上符合人体工程学的要求，在位置上对气候有较多的适应性，在数量距离上与人流密度及方向预计一致，在心理条件上则满足各种心态的人群的不同使用目的。

（一）功能性小品

功能性小品主要包括交通性和生活服务性小品。交通性小品主要用于交通指示、组织的设施，包括路灯、指示牌、路标、自行车架、无障碍设施等。生活服务性小品指为公众提供生活、娱乐等服务性设施，主要包括座椅、凉亭、亲水平台、柱廊构架、垃圾箱、邮筒、报刊亭等。其中，座椅是应用性最强的一个功能性小品。街道上的座椅可结合花坛、树木、水池一起设置，或结合踏步或坡地成阶梯形座位。根据研究发现，人群出行的组成规律是：2个人占70%；3个人占20%；4个人占7%；5个人以上仅占3%。所以大量的座椅应该是2个人的小型条椅，而不是长条椅。在乡村街道中，不宜沿街设置大量的休息座椅，最好能够集中设置，以达到较高的使用效率，如中心区、公共空间、滨水区等人流集中的地方。

乡村座椅可以结合当地特色，做到灵活多样，不用刻意建造某种风格样式的座椅。例如，花坛、水池外沿适当加宽可以兼作休息的凳椅，环绕高大乔木设置座椅等。林荫树下或草地里的石头便可使行人驻足常留。街道家具不再仅仅体现单一功能，而是日趋追求其综合效益。

只好看而不实用的东西是没有生命力的，实用性的街道小品还有路灯、垃圾桶等。小品设计得好能对街道的美化和增强识别性起到很大的作用。在街道上，例如垃圾桶之类的设施小品间距要根据人流的大小布置，商业街每25～30米布置一个，交通性道路每50～80米布置一个，在居住性道路上的布置间距在100米左右；在造型上应强调简洁，突出体块关系和轮廓线。报刊亭可与邮筒一块设置，公厕则可与沿街建筑物一起安置，既方便了行人，又降低了经济成本。

（二）观赏性小品

观赏性小品是指那些为增添艺术气息、美化环境的设施，如花坛、雕塑、地面艺术铺装、装饰照明等。观赏性是街道小品所表现的第二特征，包括材质、色彩以及造型，起到烘托气氛的作用，在内容与形式上要考虑历史文脉的延续。

1. 人工设施

在乡村环境里，具有较好设计水准的环境设施小品并不多，主要问题是粗制滥造，格调不高，特色不够，尺度比例不协调，色彩与环境不协调。人们惯用城市的设计手法直接移植到乡村，如抽象雕塑、喷泉、瀑布、欧式的柱廊等。不但在形式上显得和乡村环境不协调，在尺度上也没有考虑周边环境的比例关系，所以显得与乡村环境格调不一致。环境小品设计的一个主要原则是要体现乡村的文化特征和民俗，要在尊重当地地理环境、社会习俗的基础上进行符号的提取和淬炼。环境设施小品是乡村文化的符号性表达，缺少了文化的地基，便会成为乡村环境中的"垃圾"。中国的乡村历史漫长，孕育了无数的艺术形态要素，如牌楼、记功柱、建筑门宇的装饰构建，传统的棋琴书画，历史中的悬壶济世、杏林桑梓，慈孝报国、扶耕蚕织等生活模式和生产方式，旧有商业招牌、幌子等，这些都是设计取之不尽、用之不竭的来源。这些文化性设施小品，虽然功能性不强，但是它的文化性恰是最主要的特征，这种文化性的表达更直接体现了乡村的历史发展、人文特征，更容易使人们产生认同感和归属感。乡村的环境小品要从历史中挖掘，要在生活场景中去体现。

2. 绿化设施

绿化设施包括花台、花盆、花坛等。可结合座椅、灯具或其他小品设施一起布置，以增添情趣、美化环境。各种种植容器必须坚固，色彩须考虑花木颜色。在植物的选择上要具有乡土性、民俗性，切勿任意选用外来植物种类。

第九章　乡村居住与公共空间设计

乡村聚落总体布局是按照乡村经济社会发展规划的要求，对乡村的主要功能用地和主要设施进行的具体安排与布局。在总体用地中，居住用地所占比重要远远大于城市的用地比重。

建筑是聚落景观中重要的组成部分，这些建筑是村民生活、生产和开展公共活动的场所。按照功能的不同，乡村建筑包括所有的乡村房屋及附属设施；按照造型的不同，当前乡村建筑可以分为三种类型：传统建筑、简易砖瓦建筑和西式建筑。按照使用功能可以具体分为公共建筑、民居建筑、生产性建筑及其他配套建筑单体。这些建筑是村民组织家庭生活，开展公共活动，从事农、工、副业生产等的场所。乡村建筑具有一定的地域性，其形式和内容会根据当地的社会制度、经济水平和民族习惯而有所差别。

第一节　乡村住宅的建筑造型

一、传统住宅建筑

传统建筑是具有特定的建筑、文化和历史价值的建筑，它是各个历史时期村民使用本土建筑材料和建造技术自己设计建造的建筑。乡村建筑的艺术风貌和建筑风格是乡村文化和历史的重要载体，集中体现了地域民族特色和乡土风貌。我国地域广大，乡村建筑特色多样，从建筑结构上划分，乡村传统住宅建筑主要有如下分类。

1. 木构抬梁、穿斗与混合式

采用抬梁式，或是多用穿斗式，如北京四合院、云南白族住宅、彝族住宅等。构架用穿斗而不落地，形成木拱架。皖南、江浙、江西一带的住宅中，山墙边贴穿斗式，以增强其抗风性能；民间为使空间开敞、庄重，使用抬梁、穿斗混合式。

2. 竹木构干阑式

干阑是以竹、木梁柱架起房屋为主要特征，分布广，主要用于潮湿的山区或水域。南方一直大量使用这种干阑式建筑，北方则自汉代以后已较少使用，但东北清代仍有一种用作仓房的干阑建筑，距地较矮，为隔潮之用。

3. 木构井干式

采用井干壁体作为承重结构墙，端部开凹榫相叠，但因受木材长度限制之故，通常面阔和进深都较小。在东北、云南地区普遍做法为木垒墙壁的住宅。

4. 砖墙承重式

砖普遍用于住宅砌墙是在明代，在北方形成并普及了硬山式住宅，其代表为四合院住宅建筑。

5. 碉楼

碉楼的外墙采用厚实的石墙，内为密梁木楼层的楼房，楼层则用土来做面层。分布于西藏、青藏高原、内蒙古等西南一带边疆，这种住宅与山地特殊的地理环境有关。这些地区多山，且石为板岩或片麻岩构造，易剥落加工，取石方便。

6. 土楼

土楼是利用"红壤"土质或"砖红壤性土壤"，稍作加工便可以夯筑成高大的楼墙，分布于福建、广东、赣南等地，这些地区的山地又盛产硬木和竹林。硬木用于建房，竹片则提供相当于建筑骨架的拉筋，它们和砂石、石灰一起，构筑成丰富多彩的各式土楼。

7. 窑洞

窑洞是以天然土起拱为特征，主要流行于黄土高原和干旱少雨、气候炎热的吐鲁番一带。陇东、陕北的窑洞拱线接近抛物线形，跨度为3～4米，豫西窑洞则多为半圆拱。

8. "阿以旺"

"阿以旺"语意为"明亮的住所"，是指屋顶上带有竖向天窗的房间。分布于新疆南部。"阿以旺"住宅的外墙普遍不开窗，屋顶均为平顶，空间组合不受外墙和屋顶牵制，平面布置极为灵活，可纵横自由延伸。住宅布局以"阿以旺"为中心，"阿以旺"通过天窗采光，是全宅最明亮、装饰最讲究的房间，它是全宅公用的起居室，也是待客、聚会和歌舞的场所。结构为木柱，梁枋加斜撑承重，铺密椽平顶，外墙砌很厚的干土墙，室内辟各式壁龛、龛炉，装饰则集中于木柱外廊廊檐、"阿以旺"内柱柱身、柱头和天花雕饰。

9. 毡包

毡包主要是以游牧生活为主的牧民居住的建筑方式，取其逐水而居，迁徙方便之利。毡包搭建方便，构造简单，是圆形的、便于拆装、迁移的活动房屋。

二、简易砖瓦建筑

简易砖瓦建筑多采用方盒子形式，利用砖墙砌体结构，没有传统建筑的精美装饰，也不采用传统的结构形式。这种类型是在建国之后大量建造筒子房、工厂房和宿舍房等背景下产生的房屋形式。建筑平面布局多呈一字式，屋顶采用平顶或红瓦简化的坡顶。室内白浆粉刷墙体，外墙红砖裸露或瓷砖罩面。

三、西式建筑

西式建筑是改革开放以后，乡村中出现的村民自己建造的二层至三层砌体结构房屋，外立面贴瓷砖，或使用欧式建筑装饰构建，如用希腊、罗马柱式、水瓶等作为阳台栏杆。建筑平面布局多样化。此类建筑表达了村民对城市生活的向往与效仿，代表着新时代村民的价值观。

在建筑形式方面，广大居民非常喜欢"现代化加乡土味"的建筑，即用现代建筑材料和现代建筑技术，建造具有明显地方特色的建筑。因为现代化能满足人们不断提高的物质生活方面的要求，而"乡土化"则可激起人们对大自然、对他们所熟悉和喜欢的当地环境、传统和历史文化的亲切感。我们应该从本地区的民俗、民居和传统建筑文化中吸取营养，再加以总结、概括提炼，取其精华，去其糟粕，从中引申出合乎时代要求的建筑形式。

第二节　乡村住宅的建筑设计

民居住宅是农村中主要供从事农业生产者居住的宅院。农业生产者居住的农村住宅，在组成上除一般生活起居部分外，还包括农业生产用房，如农机具存放、家禽家畜饲养场所和其他副业生产设施等。在设计中，除了要考虑住宅各功能空间联系是否合理，同时还要注意生产与生活的分区，公共空间与私密空间的分区，就寝分室。在满足建筑功能的前提下，乡村住宅的立面要简洁明快，造型设计和风格要与村落的天际线和自然环境保持协调。

一、农村住宅形式

（一）居住式住宅

居住式住宅是最基本的乡村住宅形式，穴居、原始社会晚期出现的分间以及后来各个时期最常见的三开间和五开间住宅都属于这种范式。每一户住宅具有完善的起居空间：客厅、卧室、厨房和储物间，室内外空间分隔明确。居住式住宅按照布局方式有独立式住宅和联排式住宅之分。

1. 独立式住宅

独立式住宅是独门独户的独栋住宅，建筑四面临空，有一个私人的天空和土地，居住质量相对较高，一般每个房间都能拥有良好的采光，户内能够实现自然通风，户内基本上可以隔绝外界干扰，安静、舒适、宽敞，是传统农宅，也是目前农村中最为常用的形式。但是，独立式住宅占地面积较大，只能在用地不紧张地区采用。

2. 联排式住宅

联排式住宅是至少两家以上农户并联成一栋房屋，相连住户共用一道墙，是目前很多集中规划的新村采用的布置方式。联排式住宅节省用地，各基础配套设施方便配置，但是必须有统一的组织和实施才能实现，对于宅基地等物权独立的时代，很多村民不愿意采用这样的方式。虽然基本保留有独立式住宅所具有的特点，但中间用户的采光和通风条件受到限制，且建筑的维护会引起纠纷。

（二）院落式住宅

院落式住宅是围绕院子布置正房、杂物间或者牲口间的附属建筑围、厨房等，形成四面围合、三面围合、两面围合的形式，一般建筑门窗开向院子，对外不开窗。院落式住宅可以看作是居住式住宅的拓展，更能满足村民的生产生活要求，是主要的乡村住宅形式。可以作为村民的室外活动空间、晒谷场，或者与其他村民的公共交流空间等。也可以没有附属建筑，只在正房门前围合出院落空间。

（三）复合式住宅

公共空间复合式住宅主要开始出现在乡村建设时期，具有一定的城市化特点。不少村民拥有私家车之后，将原有的用于居住的首层空间作为车库。另有村民将首层作为小商铺，成为乡村的一种重要公共空间。非居住空间和居住空间的混合形成了这种复合式住宅，室内与室外空间、个体与公共生活的界限都被进一步消解。

二、住宅建筑设计

（一）厅堂

厅堂（堂屋）是住宅中的主要建筑，是组织农村家庭生活关系的核心场所，也是起居生活和对外交往的中心，可以进行会客、祭祖、举行婚丧嫁娶等，堂屋在平面布局中要处于中心位置。在住宅设计中，要尊重当地的风俗习惯和传统，它一般布置在住宅朝向的最好方位，坐北朝南，可以直接采光，自然通风良好。

堂屋是集对外和内部公共活动于一体的室内功能空间，所以要有充裕的面积，厅堂宜设计为矩形，方便家具摆放。大门多居中布置，正对大门的墙放置供案，摆列神台、家谱和祖先的牌位等祭祀用品。农村居民用这样朴素的方式表达供奉祖先、祈福求祥，形成了农村住宅中独具特色的厅堂文化。

（二）卧室

卧室是隐私性、安静程度要求等级最高的区域。由于农村对私密性缺乏重视，大部分农村住宅的卧室兼具社交活动、就餐、家务劳动和储藏等功能。农村卧室一般分为主卧和次卧，主卧室供长辈或夫妻居住，设置双人床或两张单人床，次卧室供子女居住或者兼作客房使用，一般设单人床。睡眠区域属于私密性很强的区域，应该避免其他空间对其的干扰。在布局上，老年人的卧室设在住宅的底层南向，有良好的日照和通风，便于老人日常出入，方便地到达厅堂，同时方便家人对其进行照顾，当条件允许时应该将公共卫生间尽量靠近老人卧室。卧室的大小要满足基本家具（如床、衣柜等）的布局要求。其次，卧室中根据使用者的习惯，还需要布置相应的家具来满足不同的要求，如电视柜、梳妆台、写字台、书桌等。

（三）厨房

农村厨房也被称为灶屋，农村住宅中的厨房兼具做饭、家庭储水等多重功能。北方地区应配置灶具、暖气灶、洗涤功能区和储藏功能区、烟囱、通风道。灶具除了地锅灶和燃气灶，常见的还有炕连灶设计。南方地区应配置基本的灶具、储藏功能区、烟囱等。

在没有机井或自来水的地区，厨房还要考虑放置水缸等储水设备。现在农村自来水普及率已经成为一项政府工程，大部分的乡村实现了自来水的供给，所以像过去那样挑水储水的情况比较少见了，可以根据自家的具体情况确定是否要配置水缸。农村厨房的设计应注意厨房功能（烹饪操作、取暖供给、存储）的完整性、操作流程的连贯性（满足洗、切、煮的操作顺序）。常见的是地锅灶、燃气灶和采暖炉并用型厨房，将采暖设备与地锅灶布置在相邻位置，共用一个储藏空间。

（四）卫生间

在传统农村住宅中，卫生间也被称为茅厕或茅房。乡村卫生间有两种布置方式：一种是单独建设的卫生间；一种是组合在卧室、厅堂内的卫生间，也称为室内卫生间。

单独布置的卫生间设置的位置不能对着自己的家门，也不宜对着邻居的家门，否则会影响整个家运和家中空气；房子的门面主要与房屋前面的景致有关，如果卫生间设置在房屋前面，会影响整个房子的形象，另外如遇风天，卫生间的不洁之气流进室内，会影响整个室内空气，家中成员的健康也会受到影响。农村卫生间一般都会建在房子的后方，或者左后方抑或是右后方，一般不宜设置在太过显眼的地方；否则就在卫生间前面栽一两棵树，阻挡视线。在农村，卫生间一般建在外面，为了不影响房子的美观和空气，会建在离家远点的地方；但是，这对家中老人小孩晚上如厕不方便。卫生间门不宜对厨房餐厅之门，卫生间是排污之地，厨房餐厅是烹饪饮食的地方，需要讲究卫生。若卫生间和厨房空气对流，影响厨房空气，长久对家人健康不利。农村卫生间设在厨房附近，是因为农村一般会利用卫生间的粪便等做沼气池，这样可以使用沼气，还可以利用废渣做肥料。但是要考虑沼气池的设置地点，不宜设在小孩子经常行走的地方，否则对小孩不利。

随着生活水平的提高，生活污水的处理能力不断提高，村民也开始建造室内卫生间。室内卫生间的布置必须按方便睡房使用的原则来设计，房主家庭人员使用为主，客人使用为辅。同时应当充分考虑到老年人的生活习性，所以一定要有坐便器。

现在国内广大农村正在进行"标准厕所"革命，在城镇污水管网覆盖到的村庄和农村新型社区，推广使用水冲式厕所；在一般农村地区，推广使用三格化粪池式、双瓮漏斗式厕所；在重点饮用水源地保护区内的村庄，全面采用水冲式厕所；在山区或缺水地区的村庄，推广使用粪尿分集式厕所等。

（五）贮藏空间

设置贮藏空间，可以使农村住户日常生产、生活用品的存放问题得到缓解，保持住宅内部整洁。由于农村居民生产和生活方式的特点，传统农宅中的储存空间具有储存物品种类多、储存空间数量多、储存面积大等特点。根据储存物的种类可以分为日常生活用品、粮食经济作物和生产工具类。

在房屋内部可以设计有专门存放杂物的储藏间。同时，根据住户的生活习惯，通过设置橱柜、吊柜、壁柜等方法最大限度地拓展储存空间，方便生活，以利于农业生产。在设计规划时，根据农民不同的实际需求，量身定做，提供相应的生产场地和储藏空间，便于生产工具、农用物资的存放。

在储存空间设置中应遵循分类就近储存原则。如衣物储存在卧室中，各类厨具炊具储存在厨房中，不适合储存在住宅其他空间内的才集中储存在储藏室内；为减少搬运量和方便农户晾晒各种农产品，储藏室应尽量设置在首层，且与其他功能空间相互独立且隐蔽，以免影响美观；在储藏空间设计上，需要注意以农民自己口粮为主的长期储存需求。由于粮食作物收获的季节性，农户需要将所有稻谷都收入仓库，并长期储藏整个家庭一年的口粮，需要占用大量空间。除了空间大小上的要求外，储粮空间还需满足通风、防潮、防霉、防虫和防鼠等储藏要求。

第三节　乡村公共空间的类型及空间特征

乡村公共空间是乡村社区公众可以自由进入并进行各种思想交流的公共场所和社区内普遍存在着制度化组织和制度化活动形式。乡村公共空间根据公共中心的不同可以分为两类。一类是公共建筑，如祠堂、寺庙等。在传统村落中，祠堂和庙宇是最具有中心与场所意义的公共空间。祠堂是宗族行使权利的重要场所，是村落的"行政中心"。祠堂是宗族的权力象征，代表着宗族的团结一致。村落中的大事，如婚丧嫁娶、祭奠仪式、年节宴席、款待宾客以及宗族的事务活动都是在祠堂中举行，祠堂是仪式活动的地点，也是娱乐交往空间。祠堂往往具有一个中心性的院落，这一院落承载了人们的生活活动。中国用于演出的戏台常依附于祠堂，戏曲一般与宗教祭祀活动联系在一起。另一类是公共开放性的公共空间，如入口、中心公共空间、滨水空间等。这些空间形成了聚落公共活动的中心。在乡村中，往往采用一个较大的公共空间作为村落核心，从而满足村落的大型节庆仪式活动。在中心公共空间的周边设置陪衬公共空间的建筑，而且公共空间在形状、尺寸及空间感上都具有一定的领域性，具有强烈的向心感。

一、乡村公共空间的类型

乡村公共空间可以按照空间位置、空间体系、空间内容等多种形式分类。

（一）按空间位置划分

按乡村公共空间在整个社区空间的位置划分，可以分为边缘型公共空间和中心型公共空间。边缘型外部空间在社区的边缘，一般在社区的出入口或者是自然边界线旁。中心型公共空间一般位于社区的核心位置。

（二）按空间体系划分

按照乡村公共空间体系的不同，可以划分为单点集中型和多点分散型。单点集中型的乡村公共空间是指所有功能与场地都集中在一个空间里，乡村社区公共空间只有一个公共空间体系。多点分散型的乡村公共空间是指有两个及以上的乡村公共空间体系。

（三）按空间内容划分

按照乡村公共空间的内容不同，可以划分为经济型公共空间、政治型公共空间、文化生活型公共空间和交通集散公共空间四类。

1. 经济型公共空间

经济型公共空间上有一个重要的功能是方便村民进行买卖和交易、生产互助等的利益交换，如集市、超市等组织形式的社会交往场所。露天市场，这种经营形式自古以来就存在，原因一是相应的商品成本降低；二是简单和方便，有利于吸引顾客；此外，也可以让人感觉到繁华的生活气息。历史上，宗教节假日行政公共空间也开放市场的功能。随着乡村的发展，人们生活环境的改善，在许多地方这种形式已经被商场等场所所取代，但在乡村，这种经济型公共空间作为交易、休息、娱乐、购物、餐厅很受欢迎。大型商业公共空间的位置可根据具体需要灵活安排，大到乡村的中心公共空间，小到乡村的生活空间，都可以形成一个方便的商业公共空间，但应注意的是主要公共空间的步行环境，商业活动应相对集中，避开人群或交通流。维护商业公共空间，需要注意环境卫生问题。

乡村的寺庙往往作为公共空间被保留。在庙前的传统庙会公共空间成为居民购物的场所；所以在中国传统的庙前，公共空间是娱乐业务综合性公共场所，也是乡村的商业活动的起始。

2. 政治型公共空间

政治型公共空间是乡村公共空间的主要类型。政治型公共空间是在行政管理中的乡村、乡村居民的象征，可分为正式的公共空间和非正式的公共空间。正式的公共空间是指受到国家行政权力及意识形态驱使，与村庄的公共事务和公共权力有关，如村支部、村委会、基层乡镇权力和关于农村法律、政策和制度等。非正式的公共空间是受村庄内部作用，受到村庄社会内部的习俗、宗族、传统道德、习惯、宗教意识和现实需求的影响，指的是农村社会内部、具有自身逻辑、微观的公共空间形式。这两种公共空间都以不同的方式约束着村民的行为与活动。政治型公共空间具备可达性和良好的流动性，道路具有一定的宽度，公共空间建筑一般对称布局，位于中轴线。

3. 文化生活型公共空间

文化生活型公共空间一般作为日常的交往，与村庄的日常秩序和村民的日常生活密切相关。休闲公共空间，适用范围广，使用频率高，但由于不同规模的服务半径，也有很大的差异。文化生活型公共空间大致可分为日常生活娱乐型公共空间，如看电影、唱戏、村民日常交往等娱乐形式；家族文化公共空间、庙堂文化公共空间，如春节祭祖、庙会活动等娱乐形式。

文化活动型公共空间按活动类型不同可分为以下几种类型。

（1）娱乐型公共空间

娱乐性活动有一定的开放性，公共空间都是开敞的，向阳的。例如，空间舞蹈等娱乐表演性质的行为对公共空间有开阔并且不扰民的要求，因此这类活动可以在休闲公共空间、体育场、草地等开敞的地方进行。

（2）休闲型公共空间

休闲型的活动有集体行为和个人行为之分，在空间上也有一定的区别。群体的聊天、健身等行为需要开敞空间，可方便吸引人们加入。个人的看书看报等行为，在空间上有隐蔽性和安静性的要求，家庭的散步行为同样有此要求，可以在林荫道和树下进行。

（3）劳动型活动空间

劳动型活动空间在位置的选择上有一定的随意性和偶然性，受空间环境的影响小，劳动型的人群可以聚集在一起聊天，可以在树荫下享受清凉，也可以在阳光下晒太阳。

4. 交通集散公共空间

交通集散公共空间的功能主要是解决车流、人流的交通集散分配。设计中要注意包括非机动车辆的动线问题，确保车辆和行人公共空间互不影响。对于较大的交通公共空间，公共空间应考虑停车场（包括非机动车）地区、交通区和步行活动区，其大小可根据车辆面积和行人面积决定。公共空间大厦附近可设置公共交通停车场，其位置与建筑应协调，以免行人的入口及车辆入口混合或交叉，使交通堵塞。处理流量分布公共空间内部交通流线组织与外部的交通联系的同时，应注重内部和外部交通的适当分离，以避免增加交通压力。此外，交通公共空间还需要安排服务设施、休息和娱乐的空间。德国伯布林根公共空间是具有代表性的交通公共空间，位于两个设计艰难的乡村的交通枢纽，原始地形的公共空间是"Y"形结构，并通过公共空间花岗岩强调。老城区呈楔形延伸到公共空间，用凳式短墙将步行区和车行区有意识地分开，并作为整个交通公共空间的中心。公共空间解决交通问题，也丰富了道路景观，给行人提供愉快的休息地方，是乡村交通公共空间值得参考的案例。

二、乡村公共空间的空间特征

（一）不规律性与多样性

乡村的村民生活轨迹比较不规律，活动的时间安排和行为路线无规律性，既有因季节和农时变化而产生的变化，也有因个性的随心所欲而产生的无规律性。经调查发现，乡村社区居民在公共空间内的不规律性主要体现在空间、行为类型、时间等方面。在空间上，不同年龄阶段的使用人群在社区公共空间内的功能空间选择不相同；在时间上，各个年龄阶段的人群在社区公共空间活动的时间阶段也不同；同时，各个不同年龄阶段的人群活动行为类型对于社区公共空间也不同。

乡村居民在社区外部公共空间的活动行为是多种多样的，有娱乐行为、体育运动行为、休息、商业行为、团体性的节庆活动等。随着乡村社会经济水平的提高，社区各种硬件设施变得更加完善，乡村居民的文化与精神需求增加了，同时生产活动、与生活行为的多样性也使得公共空间设计更加丰富与多元化。

（二）交往性

乡村公共空间主要是以家庭为单位的行为活动空间，大部分乡村居民是以家庭为单位出门活动，活动结束再以家庭为单位回家。对于相同年龄层的人在公共空间的活动一般会以兴趣为导向聚集在一起，形成临时组织起来的一种群体性活动。

乡村居民在社区公共空间中进行的行为，如聊天、跳公共空间舞、交易买卖等都具有社会活动与交往的目的。乡村居民有交流交往的渴望，同时也说明社区公共空间承载了交流与交往的功能与属性。乡村社区随着经济的发展及社会的进步，乡村农民的生产生活方式也发生了变化，同时新农村居民的日常行为活动也随之发生改变，乡村社区公共空间的设计需要能够促进乡村居民的互相交流与交往，使他们在交往中促进邻里关系、相互了解，并增长彼此的见识。

（三）归属感和认同感

人们对直接容纳自己生活以外的建筑和环境，主要关心的不是它的物质功能，而是其在城镇整体大环境中的作用，以及与周围建筑的联系，关心其与当地其他环境因素共同构成的环境、空间、性格与特征，并感受和体验其依存的文化，印证自己的意象，从而产生归属感和安全感。公共空间内合理的布局，有特色的、富有亲切感的标志物，或用以界定空间和标志空间的其他处理，都可以使居民产生有"我们的公共空间"的观念，有助于建立归属感和对公共空间的认同感。社会交往是现代生活的主要内容之一，人们也希望在与他人的交往中获得一种认同感。这种心理因此而引起的行为模式在公共空间设计中要得到重视。

公共空间提供了交流的可能，通过人与人的相处与沟通，找到自己的归属感。从人类公共空间和多样性参与两个方面组成，时间和空间是人类活动关系很强的两个空间。不同的年龄，社会阶层的用户想自由自在地在公共空间上进行活动。当设计师面对复杂的需求时，简单的和明智的做法是把重点放在公共空间内用户活动的关系需求上，如私人空间、半公共半私人或敞开的公共空间，所以在不同的空间层次，避免单一使用更多的空间，把重点放在共同的东西上，公共空间层次空间不能限制太死板，应考虑各种活动在公共空间上能自由进行。参与是人本能的需要，通过参与活动来满足自己的好奇心和感觉到他们的存在，可以找到一种归属感。现代公共空间的设计高度重视，并积极参与多感官的互动，鼓励人们参与公共空间活动。

乡村公共空间往往是乡村的象征和标志，其内涵经常包含一个小镇的历史、文化、精神和情感的内容，它可以反映出一个人对环境的认同感。目前，乡村公共空间普遍识别性很差。事实上，每个小镇都有它自己的自然环境、风俗习惯等地方特色。首先，我们应该把握每一个乡村的自然元素特征及公共空间的景观，如乡村形态结构、地理特征、植物特色等；其次，我们应该挖掘乡村的人文景观特色，充分体现公共空间的场所定义，在公共空间中创造适合当地民俗活动空间场所。

（四）开放性

任何公共空间都要具有开放性的特点，乡村公共空间也应对所有人开放，不仅仅包括社区的居民，同时也包括了其他地方对乡村公共空间感兴趣与喜欢的人。乡村公共空间还应汇聚不同领域、不同层次，具有兼容并蓄、博大包容的特点。

（五）领域性

领域性的领域是指领域内成员受到保护的区域，是一个限定的空间。

占有领域是所有动物都具有的行为特征，也是人类的特殊需要。由于社会文化的影响，在现实生活中人们自然而然地要尊重他人的领域，而领域感的产生需要一定空间的围合。德国学者卡米洛·希特提出，公共空间宽度和四周建筑高度之比应在 1～2 为最佳尺度，这时给人的领域感最强。当这个比例小于 1 时，公共空间周围的建筑显得比较拥挤，相互干扰，影响公共空间的开阔性和交往的公共性。当这个比例大于 2 时，公共空间周围的建筑物显得过于矮小和分散，起不到聚合与汇集的作用，影响到公共空间的封闭性和凝聚力，以及公共空间的向心空间的作用，削弱了公共空间给人的领域感。当然有公共领域，也就有私人领域。可通过环境小品的精心设计，使公共空间和私密空间在相互调节和补充下自然地达到平衡。在乡村社区公共空间中应充分尊重各类人群的行为喜好，明确各类人群的行为领域，从而划分各类人群的活动空间，使其相对独立，不会相互影响和干扰。在领域性的设计中，需要注意的地方有相对明确的功能空间划分、确定领域服务的对象等。

（六）经济实用性

经济实用是乡村公共空间应特别考虑的元素之一。乡村没有大城市繁华的交通枢纽、高楼林立的街道，因此应强调乡村公共空间规划设计的经济实用性，而非奢华壮观性。另外，经济实用的公共空间不仅符合乡村的性格特征，而且也适应大多数乡村的经济水平。

由于人的惰性心理，对于目的地的可达性有一定的要求，需要满足人的方便与便利的需求，应尽量控制居民到达乡村公共空间的距离，一般不应超过 500 米，如果距离太远，人们将会丧失活动的兴趣。因此，在乡村公共空间的位置选择上，需应尽量重视其方便性的问题。

（七）舒适性

公共空间设计中最重要的因素是人的行为，因为人是公共空间主体。乡村休闲公共空间功能更加全面，它更应该具备"以人为本"的设计原则。从历史公共空间形态演化的角度来看，我们可以发现，公共空间的演化过程是一种人性化空间的发展过程。意大利中世纪的城镇布局是由城墙包围着向心空间，乡村公共空间是客厅。人们将不同程度的需要反映在公共空间环境上。公共空间作为满足空间的载体，应具有舒适品质、归属品质和认同品质。公共空间的使用者与公共空间环境关系密切是人的各种需要得到满足的基本方式。

著名心理学家马斯洛认为，生理需求是人的最基本需求，因此如何创造生理方面的舒适感就成为公共空间设计中第一位考虑的因素。人的舒适感来自于一定空间环境中气候和其他环境因素对人的生理产生的影响。环境舒适程度越大，说明设计得越合理，为人考虑得越多，否则即相反。决定人舒适程度的因素有阳光、温度、湿度、风向、水面、植物等。

公共空间环境舒适的行为心理学是人类最基本的需求，只有当这些需求得到满足后，方能成为人们愿意前往的地方。主要在两个方面反映公共空间舒适性。第一方面是身体舒适，首先要有一个好的环境，如在北方，人们喜欢在背风向阳的环境进行户外活动，有风或阴凉的地方很少有人光顾；第二方面是心理品质，这作为一种安全和放松的心态环境状态，它往往不是设备所涉及的问题，而是要具备综合素质的公共空间环境，如公共空间的规模和封闭的感觉，公共空间环境保护程度，公共空间主要色调给进入公共空间的人带来什么样的感受。

第四节　乡村公共空间设计的影响因子

不同地区乡村公共空间的差异很大，人们的户外公共空间受气候影响很大，不同地区人们的活动公共空间也是不同的，所以考虑到气候特点，在公共空间设计中应扬长避短，为人们创造良好的室外公共生活环境。丹麦首都哥本哈根的户外公共服务开始于干燥的春季，持续到深秋，这使得当地的公共空间成为很多间户外咖啡店。在意大利全年气候最温暖的时期，意大利人喜欢喝着葡萄酒在充满阳光的公共空间，怡然自得地闭上眼睛，为了充分享受阳光和空气，往往不是种植树木，而是全部采用硬质铺装路面。在乡村公共空间设计中，应考虑当地的气候因素，确定绿地中草坪与乔木的比例、铺地与绿化的比例。设计休闲类公共空间时，应提高乔木在绿地中的比例，因为乔木树林区是一种复合型用地，既可容纳市民的活动，又可以保证公共空间景观。如将大草坪改为乔木，人们则可以得到更多的活动及休息空间，乔木树枝干底下的用地还可以进行多层次利用，既可散步，又可避暑，也可种植花草及矮小的灌木丛，还能为路上的行人起到短时间避雨的功能，有时也还可以将其作停车场，而且还可大大减少绿化用水量，提供充足的氧气调节小气候。另外，树木的种类应尽量选用适应当地气候的树种，这样可使公共空间的绿化更有地方性，也利于树木的生长管理。

一、阳光

据伊娃·利伯门的研究，人们选择去哪个公共空间，首先考虑阳光的占调查人数的 25%，考虑距离的占 19%，考虑舒适和美学因素的占 13%，考虑公共空间社会因素的占 11%。所以公共空间的位置选择应考虑太阳的四季运行，以及已建成或将建的建筑对它产生的影响，以争取最多的阳光。在我国北方，冬季人们要求有充分的阳光，而在夏天则不喜欢被暴晒，愿意有更多的遮阳设施。这就要求在绿化树种的选择时，应该更多地使用落叶阔叶乔木。

二、温度

温度超过 12.8℃，人感觉较舒适，适合户外运动；但超过 23.8℃则会感觉较热，这将影响中午时人们选择座椅的位置。因为中午时的温度较高，在冬季，中午是人们晒太阳的好时机，而夏季的中午人们更愿意背对阳光。所以，无论冬夏季，人们大多选择北向的座椅。设计者为了夏日防晒，除了种植树木之外，也可采用一些现代科技手段以达到降温效果。

三、水面

水是生命之源，是大自然的灵魂。"亲水性"是人的一大特点，在公共空间中设置适当的水面，不但可以增加湿度，降低温度，改善公共空间的小气候，软化公共空间大面积铺地所带来的生硬感，而且还可以吸引大量居民在此驻足、徜徉、玩耍。

总之，公共空间是乡村的居民户外生活的重要场所，应考虑当地气候条件再进行设计，以满足人们户外活动的需要，不能盲目照搬西方乡村公共空间的设计。

第五节　乡村公共空间设计的场地分析与立意

一、场地分析和容量确定

场地分析和选择是公共空间设计的立足点，是公共空间成功的先决条件。场地分析，首先要理解在周围乡村建设的基础上，基于整个空间、环境的分析，确定是否合理，明确公共空间新设计可能是受欢迎的或多余的。最好的公共空间位置应能吸引各种各样的使用人群。

其次，建公共空间要有总体的认识，即确定的性质、容量和风格。公共空间的性质一般可分为市政、交通、娱乐、商业等。公共空间的容量估计，即人流密度和人均面积指数，它涉及统计方案，乡村的人流量和车流量乡村总体规划，还涉及使用者的行为习惯。此外，还要根据城镇的整体风貌确定公共空间的风格，如是现代风格还是传统中国园林风格，是开敞空旷的还是封闭的等。

再次，场地分析还应结合自然气候特征，对基地地形进行分析研究，确定可利用要素和需要改造的问题。对于公共空间围合的建筑而言，朝向影响公共空间的日照和建筑的采光。根据调查统计数字分析，有 1/4 的人去公共空间时首先考虑是享受阳光，所以公共空间的位置选择时应考虑日照条件，即已建成或将建成的建筑对它产生的影响，以争取最多的阳光。对于围合需要，公共空间不得不采用东西向布置的时候，应当尽量满足以上要使用功能部分南北向布置。广场南面应当开敞，周围避免布置高大建筑物，以防止公共空间被笼罩在高大建筑物巨大阴影之中；公共空间的布置应当面向夏季主导风向，要对周围建筑规模和形状进行综合考察，要考虑好风向的入口和出口，不得影响通风。周围街道也是引导风的通道，应加以利用。

公共空间设计时还应注重分析场地周围是否与人行道系统相连通。有条件时，公共空间最好和人行道联系，以增加公共空间对人的吸引力。研究表明，只要公共空间和人行道是连接上的，然后将有 30%～60%的行人会使用它；公共空间越宽敞或位于街的一角，使用率越高；当狭窄或公共空间和人行道存在障碍的时候，利用率会下降。

二、设计立意

一个好的空间环境，应该有某种设计主题。一个公共空间设计的成功与否并不仅在于它是否有好的空间要素、好的功能结构，高质量的公共空间更应该体现为整体的优化，而不是局部的出色。好的构想，丰富的文化内涵，是特别重要的。公共空间的空间结构还会受到外部条件的限制。这种限制一方面可以看作是公共空间设计中的约束，另一方面也可以被看作是一个公共空间设计的出发点。因此，在设计过程中，应立足于现状的基础上，功能和发展乡村公共空间的特点和要求，能创造出提高乡村空间效率的微环境公共空间。表达主题的手法有很多，如建筑、雕塑、标志、重复使用相同主题、创造某种氛围等。在主题比较明确的环境中，用以表达主题的设计通常处于重要位置，如公共空间的几何中心、体积感突出或色彩鲜明。一般来说，公共空间的立意包括功能立意、空间立意、发展立意三方面内容。

（一）功能立意

乡村对公共空间功能的要求是公共空间设计时必须满足的。但是公共空间设计不应该仅以满足这些功能为目标，可以在这些功能提供的内容上进行有特色的立意，从而使公共空间具有个性形象和适宜功能。例如，休闲公共空间的空间组织要以"自然恬静"立意，创造随意和自然的空间，纪念性公共空间要以"缅怀沉思"和"历史对话"立意，这类公共空间在比例、尺度、空间组织和观赏视线上就要强调一种庄严气氛。商业性公共空间要有热烈的生活气氛。虽然乡村的公共空间往往是多功能的，但是有一个主导性公共空间主题可以使空间结构清晰、方便使用，也能增强公共空间的象征意义。

（二）空间立意

公共空间的空间形态还受到很多外部条件的限制和束缚。这种制约因素一方面可以看作公共空间的功能特点，另一方面可以看作设计中的立足点，甚至是机遇。正是场地条件的各不相同才能引发各不相同的设计思路和设计成果。其中，与地方文化脉络相联系的元素是公共空间创作最重要的因素。例如，西安大雁塔北公共空间的设计立意对我们有很好的启示作用。它以唐代诗人"塔势如涌出，孤高耸天宫"作为景观设计的出发点，以体现唐长安的宏伟尺度和井然的空间秩序为设计理念，借用唐代"里坊"的概念以 27 米×27 米为基本单元划分了水池的东西两侧；以 9 级大平台的层层升高象征长安城由外向里乡村空间秩序的递进；以现代景观技术手段体现大唐盛世的"荟萃时代先进技术"的积极进取精神。

（三）发展立意

生态平衡和可持续发展的标准对乡村的公共空间设计提出了更高的要求。公共空间建设并不会随着公共空间工程竣工而结束，而应当体现在公共空间的整个生命周期过程中，以维护自然生态平衡和优化乡村地区生态条件。该基地有可能是一个小的生态系统，新的公共空间空间形态的建立不应破坏现有的生态平衡，要维持自然生态因素的平衡，让公共空间在乡村生态链中起到积极的作用。可以配置水和植被以起到保护生态因素的作用，使生态质量可以得到改善，从而做出贡献，提高乡村总体质量。

三、乡村公共空间的形态

（一）公共空间的平面形态

平面型公共空间按照形状的规整与否可以分为规则型公共空间和不规则型公共空间两种，其空间形状多是由三角形、圆形和方形等几种几何形体通过变形、重合、集合、融合、切角演变而来。从历史发展顺序看，最早出现的是不规则的公共空间形式。它是人们户外活动的场所，并不具有特定的边界围合，而是经由减法法则，在整个城镇四维体量中被建筑切割后形成的部分，呈现不规则形，所以公共空间是一个负空间，是由减法创造而与建筑相互融合的空间。当人们把公共空间作为一个完整的空间看待时，就更加注意它自身的设计风格，从而产生积极的规则形状。所以，规则型公共空间具有理性的美学意义，而不规则型公共空间因其灵活多变而赋有自然的美学特征。

（二）公共空间的立体形态

空间型公共空间是公共空间对平面形态的突破，向立体形态的发展，又可以分为上升式公共空间和下沉式公共空间。这种立体式公共空间可以提供相对安静舒适的环境，又可以充分利用空间变化获得具有层次性和戏剧性的丰富活泼的景观。为保证下沉式公共空间有适宜的环境条件，其下沉面积不应小于400平方米，宽度不小于20米，或不得小于其深度的三倍，否则容易形成井桶的感觉。空间型公共空间多是结合地形、地貌的高差而设计，也有的在平地上只下降几步台阶形成一个高差稍有变化的小公共空间，别有情趣。

（三）乡村公共空间的围合形式

1. 四面围合的空间

这种公共空间具有强烈的向心性，常给人以封闭的感觉。公共空间规模尺度较小时，封闭性极强，具有强烈的向心性和领域感。特别是当四周墙面高度接近时，建筑物的檐口形成一条围绕着空间的线，使人产生犹如一个房间内封闭的空间感。这种街道空间也具有建筑体量的特点，是一个空间体（space-body）。由于公共空间四周的围合界面很少是连续而又封闭的，这就在界面上形成了缺口，如四角敞开的公共空间、四角封闭的公共空间。这些缺口会使该公共空间与相邻空间保持相互渗透，并随着尺寸、数量及位置的变化，开始削弱界面的围合感。为了保持公共空间的围合感和封闭性，开口之上可以建造拱桥或者彼此之间尽量不要在一条直线上形成穿透。

2. 三面围合的空间

这种空间也是公共空间的常见围合形式，其空间的封闭感仍较强，具有一定的方向性。这种公共空间常位于一条道路或河流的边缘，形成一个向内很强的聚心力，产生明显的向心感和"居中感"。另外，公共空间窄小的开口形成了一个景框，成为借景的窗口，在设计中会有很多利用自然风景的机会。但敞开的第四面墙也容易造成外界对公共空间不和谐的影响。可以利用一些通透性元素，如树木、廊柱、地面高差等对公共空间的边界加以围合。

3. 二面围合空间

这种公共空间是街道空间扩大形成的，是亦街亦场的形式。它常常位于大型建筑与街道转角处。当两侧建筑平行围合，并有较长连续时，该公共空间具有明显的流动性。比较典型的案例是四川罗城镇的"船形"街道公共空间。

4. 一面围合的空间

这类公共空间封闭性很差，常在街道一侧布置建筑，另一侧沿河、山、湖、公园、景区等，空间封闭性完全消失，但面向界面的一方，行动和视线有很强的限制，界面形态也常受街道另一侧开敞空间的制约。

（四）乡村公共空间的尺度与比例

公共空间的尺度是由公共空间功能、交通状况和公共空间建筑布局等多种因素决定的。人对不同尺度的空间有不同感受和心理体验。人的空间尺度感来自于场地的大小、周围建筑高度与它们体量的结合。尺度过大，有排斥性；尺度过小，有压抑感。尺度适中的公共空间则有很强的吸引力。

1. 人的尺度感

霍尔在《被隐藏的维度》一书中认为，空间距离与文化有关，它像一种沉默的语言影响着人的行为。同时指出"空间关系学"的概念，并在一定程度上将这种空间尺度以美国人为模板加以量化，他认为 0~0.45 米是人的亲密距离；0.45~1.2 米是个人距离；1.2~3.6 米是社交距离；7~8 米是公共距离。

（1）20~25 米见方的空间尺度

日本学者芦原义信在霍尔空间距离模数的基础上提出了外部空间"十分之一"理论。他认为可以采用 20~25 米作为外部空间设计的模数。这是一个人可以相互看清脸部表情和说话声音的距离，是一个舒适亲密的外部空间尺度。在这个范围内，人们可以自由交流、沟通，感觉比较亲切。这也是刘滨谊三大景观门槛理论的第一个门槛尺度。吉伯德也认为不大于 80 英尺（1 英尺约 0.3048 米，即 24.38 米）的空间尺度是一个亲切的空间尺度。

（2）110 米左右的场所尺度

这是刘滨谊三大景观门槛理论的第二个门槛尺度。他认为当距离一旦超过 110 米，肉眼就认不准了，只能辨出大略的人形和大致的动作。当超过 110 米后，就产生了广阔的感觉。按照芦原义信"十分之一"理论，要创造一个户外适宜交流的空间场所，它的尺寸应该约为 60 米×140 米，这与卡米洛·西特所说的欧洲古老乡村的公共空间平均尺度为 465 英尺×190 英尺（即 58 米×142 米）基本吻合。所以我们通常把 110 米左右的尺寸作为公共空间的尺寸。吉伯德在《城镇设计》中也认为 450 英尺（即 137 米）是可以创造文雅空间的尺度。对于乡村而言，不超过这个尺度的公共空间是适宜的。

（3）390 米左右的领域尺度

超过这个尺度，人眼是不能看清楚的，即所有的景物都超出了人的视野范围。这时会有一种深远、宏伟的感觉，这不是乡村公共空间所允许的尺度。

2. 公共空间的比例

垂直界面的尺度要考虑 D/H 的比例关系，以及它对人心理、视觉的影响。如以实体高度为 H，观看者与实体的距离为 D，D 与 H 比值的不同会得到不同的视觉效果。当 D∶H＝1，即垂直视角为 45°时，人们一般多倾向于注视实体的细部，人有一种既内聚、安定又不至于压抑的感觉，空间保持良好的匀称感；当 D∶H＝2，即垂直视角为 27°时，人们更多关注实体的整体立面效果，人仍能保持内聚、安定的空间效果；当 D∶H＝3 时，即垂直视角为 18°时，两实体开始有分离排斥、空间离散的倾向，人们往往注意实体的整体与周围环境的关系。当 D∶H 比值继续增大，空间的空旷感随之增加。因此，D∶H 为 1～3 是公共空间视角、视距的最佳值。

卡米洛·希特在研究欧洲公共空间设计时指出，公共空间最小尺寸应等于周围主要建筑的高度，而最大尺寸不应超过主要建筑物高度的两倍。公共空间的长宽比不要大于 3。在现实中，如果没有足够用地来设置满意的公共空间，很难取得理想的 D/H 的比例关系时，可以通过调整界面尺度，设计一个作为尺度转换的第二界面，如利用小尺度的连续柱廊、连续面、标志牌、绿化、主体建筑退层或出挑等，给予空间强烈的二次围合。

（五）乡村公共空间的围合要素

良好的公共空间质量来自空间被恰当地围合和限定。适宜、有效的围合可以产生内聚、向心的心理感受，增强公共空间本身的安定性和人的归属感。公共空间的围合元素都应该是能够被视觉感知得到的。

1. 实体元素

实体元素包括建筑、植物、自然山水等，其中以建筑物对人的影响最大，也最易被人感受。高度越大，开口越小，它的封闭性越强；反之，空间感较弱。对于公共空间而言，建筑物的体量、色彩、风格、形式应尽量保持一致。公共空间的质量来自于建筑表现和始终如一的连续性。过分地强调个性特征就会肢解公共空间。植物和山水等则具有很大的通透性，使公共空间的内外空间贯通，它向外延伸了公共空间，同时也把外部的空间渗透进公共空间来。从空间的性质上看，这种亦内亦外、亦分亦合的穿透使公共空间具有很大的模糊性，这也是现代人们在把握公共空间人文意义的基础上，适应现代生活需要而进行的设计方法之一。

2. 非实体元素

非实体元素主要是通过地面的高差、地面铺装、色彩变化等设计手法来实现。它利用人们心理对图像的形成规律，把这些元素组织成有一定秩序和逻辑的图形，产生"图底"关系的分离，从而确定公共空间的大小和范围。由于乡村公共空间具有综合性功能，空间本身就具有很大的复合性和不确定性，所以没有必要给公共空间以很严格的限定。

（六）乡村公共空间的组织原则

公共空间的功能组织大致有两类：整体性功能和局部性功能。整体性功能目标的确立属于公共空间的立意范畴。局部性功能则是为了实现公共空间的使用目的，它的实现必须通过空间组织来实现。

1. 整体性

整体性包括两方面内容：一是公共空间要与乡村大环境相协调。特别是在旧建筑群中创造新空间环境时，它与大环境的关系应是"镶嵌"而不是破坏。整体统一是空间创造必须考虑的因素。另一方面是公共空间的空间环境本身要有清晰的格局，整体有序。好的设计是在整体统一的前提下，善于运用均衡、韵律、比例、对比等原则做基本的构图和处理环境。绿化是求得构图统一较简洁的办法之一。

2. 层次性

层次性使人的需要和行为方式成为乡村空间设计的基本出发点。公共空间设计也越来越考虑人的因素。因不同性别、年龄、阶层和不同个性人群心理的差异，公共空间的组织结构就要满足多元化的需要，包括公共空间、半公共空间、私密空间和半私密空间的要求。所以，公共空间的空间是复合的。人们往往在注重公共空间设计的时候，忽视了私密性空间的考虑。可以说，凡是能够提供私密性空间的公共空间就是一个好的公共空间。

3. 步行性

由于公共空间的休闲性、娱乐性和文化性，所以公共空间内部应是一个组织良好的步行场所，在设计时要注意边缘性、就近性、引导性和安全性要求。

4. 边缘性

人们并不喜欢在公共空间中心逗留或者横穿公共空间，总是愿意选择角落或边缘地带。因为边缘对于人来说被攻击的机会小，在心理上容易产生安全感。相反，人们不喜欢四周没有任何遮挡物的地方，总是喜欢依靠在什么地方，哪怕是一棵大树或一根柱子。所以，步行道的设计要能体现人们这种"边缘性"的心理，在公共空间四周尽量布置可以让人驻足和行走的道路。

5. 就近性

人们为到达目的地，总是有"就近"的心理，喜欢直线穿越。所以，大片绿地、水池的布置有时候是对行人行走空间的侵占，严重影响了公共空间的实用性。

（七）乡村公共空间组织的具体手法

公共空间的组织要通过具体设计元素和手法，这是因为实体要素更能直接作用于人的感官。

1. 硬质景观元素在环境中的应用

硬质景观元素是相对于植物和水体等软质景观而言，主要是指混凝土、石料、砖、金属等。硬质景观的常用形式包括建筑、铺地和环境艺术品等。

作为硬质景观元素，铺地在创造环境景观中有重要的作用。铺地材料要考虑人性化，在北方乡村不能大面积使用磨光花岗岩，否则会在雨雪天给人们的安全带来极大隐患。公共空间砖和凿毛的石材等摩擦性材料比较适用于公共空间铺地。

2. 重视水景在环境中的作用

水是重要的软质景观，水可有形，亦可无形。这是它多变的形态和特质成为环境中重要表现手段之一。水景的表现方法很多，能使得环境生动而有灵气。水景有平面和立体两种形式。平面形水景有分隔、联结、过渡、映衬、扩大、渗透等作用。立体水景透明，具有折射作用，可以丰富公共空间气氛。公共空间水景的设计要注重人的参与性和可及性，以适应人们的亲水情结。

3. 发挥植物的绿化作用

植物绿化不仅有生态性意义，还能起到分隔和联系空间的双重作用，它是乡村公共空间的重要内容之一。与大中乡村比较，生态良好是乡村优势所在，所以乡村更应该注意植物绿化在公共空间景观中的应用，充分发挥自身优势。

乡村的公共空间是交往的场所和空间，乡村能够进行公共交流的场所几乎遍及乡村的所有交流，不但有提供集体活动的上述空间形式，还包括宅居邻里空间进行交流的地点，如门口、街巷和院落空间。其中，门口是村民自家宅院与外部空间的分界线，在传统村落中，社会关系密切，亲朋好友常常相聚院门之前聊天喝茶下棋。巷道也是村民经常乘凉、下棋、打牌、聊天的公共空间。院落空间也是村民进行政治活动、文化活动、商贸活动、体育活动等的重要活动场所。

第十章　乡村的色彩设计

　　视觉是人们感知外在世界的主要通道，人们 90% 的信息是通过视觉来获得的。视觉感知的物质形态有两种，一个是形状，另一个是色彩。只有色彩才能被视觉唯一感知到。视觉美感直接取决于色彩处理的好坏。人的情绪的变化、工作效率的高低、生活态度的扬抑也同样会受到色彩的影响。

　　法国色彩学家让·菲利普·朗克洛说："任何一个环境都少不了色彩，任何不同区域由于所处地理环境、气候条件和文化历史的不同，也就会产生不同的色彩体系。"同样，乡村景观中，色彩也是重要的组成部分。同其他景观要素一样，色彩与地理自然、传统文化、民族风俗之间有着密切的关系。色彩属于景观的一部分，乡村色彩是乡村居民的生产和生活的反映和写照。勒·柯布西耶说："色彩不是来描述什么，而是用来唤起感受的。"所以只有重视乡村色彩规划与设计，才能不断美化和优化乡村人居环境质量。

　　色彩作为景观的重要因素而言，乡村的色彩规划设计也具有一定的必要性，在研究中可以借鉴城市色彩的理论研究和实践依据。从国家大力实施美丽乡村建设工程以来，首先要从改善村容、村貌入手，乡村的环境建设和景观改善成了重要的指标。在改建拆搭的过程中，环境的色彩作为一项要素，往往被人忽略，总是被武断地附加于其他环境要素中，失去了被独立性对待和研究的地位。

　　乡村的景观色彩设计是指通过系统的、科学的色彩设计方法，在充分考虑乡村的地理环境、自然条件、历史遗存的基础上，从色彩景观的角度对乡村所做的规划设计，使乡村的背景色（自然景观）、主体色（建筑）、点缀色（环境小品）之间达到视觉的和谐；使乡村的功能区色彩进行合理表现；使乡村文化、地域特色和历史文脉更深刻地表达。乡村景观色彩设计的目的是提升乡村的文化品质，提高乡村居民的生活质量。

第一节　乡村色彩的概念及研究范围界定

　　色彩景观是基于人的视觉观察，周边实体环境中的色彩要素构成的群体的色彩面貌，也就是说从色彩的角度对景观的描述。乡村色彩就是乡村可视化环境下的各景观要素的色彩构成。

　　从色彩构成的物理性条件分析，色彩是由不同波长的光波对物体的折射和反射所造成的。产生色彩的两个必备条件，一个是光照，另一个是光照物。乡村色彩也可以从这两个方面进行分类。

按照色彩是否具有恒常性，乡村色彩可分为恒常色彩和非恒常色彩。恒常色彩是指在一定的时间范围内保持不变、具有相对恒定性的景观色彩。恒常色彩主要是因为景观要素的恒定性和不可变性，主要指人工化的景观要素，所以能够被人工控制，人工要素有建筑、标志、桥梁、牌坊、道路等，同时具有恒常性色彩特征的是一些地理物质要素，如土壤、地质条件的色彩；非恒常色彩则是指随着时间的改变而发生变化的色彩，主要是自然元素的色彩，如植物、水体、庄稼、天空，它们的可控制的程度较小。可以看出，越是固定的物质形态，它的色彩也越是恒定，越是自然的要素，它的物质形态越不稳定，色彩也越不恒定。

按照色彩物质载体的性质，乡村色彩又可分为三类：自然色、半自然色和人工色。自然色是由自然物质如土地、天空、植物、水系所表现出来的颜色；半自然色是指经过人工加工但仍保留部分或全部自然物质的颜色，如人工打磨和制造的各种木材、石材等的颜色；人工色是指通过人工技术手段加工生产出来的物品的颜色，如各种布匹、涂料的颜色。自然色与半自然色是乡村景观的固有色彩，这种色彩伴随乡村的产生、发展和演变，已经积淀为乡村的文化基因，成为乡村地域环境的精神色彩，渗透了人们的生产、生活、信仰和期望，所以人们更愿意接受；人工色出现的历史短，变化快，更替迅速，选择多样，所以在还没有得到时间的沉淀和洗刷前，它是一种不确定的文化形态，人们大多在心理上对它具有不稳定的接受感。

综合以上两种分类，我们将乡村色彩的研究范围界定为对自然色彩和人工色彩两部分。自然色彩是指乡村中裸露的土地、山石、草坪、树木、河流、海滨以及天空、山峦等自然环境构筑物所生成的色彩，即自然色。自然物质的色彩通常是由多种色相、明度、饱和度的颜色组成，色彩层次丰富多样。自然色彩从时间上而言具有非恒常性的特征，但是这种自然色彩的变化是有规律的，它在一定时间内是非恒定的，但是这种非恒定性也是有周期的，在一定的时间范围内周而复始的，又是具有恒定性的。这与乡村的气候、风向、日照、降水等相关，具有正相关性。从人类发展的时间轴来看，自然物质的色彩最具有恒常性，如乡村土壤的色彩，地表的岩石、矿物质的色彩等最具有代表性。进行一个乡村的色彩设计，首先就要了解这个乡村的地形、地貌特征，它的历史成因和演变过程，其次要了解它的气候特征、气温变化、降水条件、风向条件，它的植被生长、历史更替和引进情况，要形成乡村的自然色彩的分类图谱。

所有地上建筑物、硬化的公共空间路面及交通工具、街道设施、行人服饰、户外广告等都是人工产物，所生成的色彩都是人工色。在人工色彩构成中，按物体的性质，人工色可以分为固定色和流动色、永久色和临时色。乡村各种永久性的公用民用建筑、桥梁、街道公共空间、雕塑等，构成固定的永久性色彩；而车辆等交通工具、行人服饰构成流动色；乡村广告、标牌、路牌、报刊亭、路灯、霓虹灯及橱窗、窗台摆设等则构成临时色。

人工色彩是受传统风俗、社会观念、思想意识、思维方式和社会经济活动的影响而形成的。它是乡村景观色彩的重要组成因素，决定着乡村景观的视觉形象。人工色彩不能脱离自然景观和人文景观的要素的影响而独立存在。特定的地理环境产生特定的人文景观，特定的人文景观形成特定的色彩形式，优秀的景观色彩是和当地的文化紧密相关的，它们植根于地方的植物、土壤和地形，形成了适合当地的建筑材料和特有的建造工艺。以民居为例，黄土高原黏质土壤是建造窑洞必不可少的条件，大兴安岭和云南的井干式住宅是以木材为主要约束条件的，干阑式住宅是南方多雨虫蛇的自然环境下建造的主要形式，还有四川的竹楼、吊楼，西藏的碉楼，新疆的"阿以旺"、草原的毡房等都有其自身的地理条件和建造背景。

随着经济的发展，乡村的环境发生了很大的变化，城市的色彩污染的问题也蔓延到乡村，包括新建筑的建造的数量不断上升，如何采用合理的方式进行景观色彩的统一，成为一个大问题。

心理学试验表明，在视觉两大构成因素——形状与色彩中，人类对色彩的敏感力为80%，对形状的敏感力约为20%，所以色彩是影响感官的第一要素。从色彩角度寻找问题，采取必要措施，规范乡村中新建筑的色彩，从某种程度上讲，色彩可以修补因规划失控而造成的风貌不统一性。

第二节　色彩的情感特征

色彩是人的一种主观体验，它不但具有物理的属性，也是人的精神意识的表达，它沟通了人与自然的关系。所以不同的色彩包含着人们的不同情感特征。这不仅是人们长期生活的视觉经验，也是人先天的情感表达。海德格尔认为，场所具有精神的属性，是人的精神世界与外在世界的共生。这种呼应和沟通不仅体现在建筑的场所意义上，也体现在场所的时空形态和色彩形式上。阿恩海姆指出："说到表情作用，色彩却又胜过形状一筹，那落日的余晖以及地中海的碧蓝色彩所传达的表情，恐怕是任何确定的形状也望尘莫及的。"

人们可以按照色彩的物理特征，将色彩进行划分和归类，总是希望用技术的手段把人的情感用数量的关系进行研究，发现无论是有彩色还是无彩色，都是具有情感特征的。任何一种颜色，当它的色相、明度或纯度发生了变化或处于不同的搭配关系时，其情感特征都会随之发生改变。

一、色彩的心理感受

色彩是产生艺术感受的有力元素之一，它是主体与客体之间共生的体验，是人对外在世界认识的根本性沟通。色彩具有主体的性质，也具有客体的性质，它是人类思想意识与外在事物的共同体。色彩表达了人类的情感，也在人的情感中丰富了自身，色彩最容易引起人们的感受，是极具表现力的元素之一。建筑是人在环境中的自我定位和认知，色彩则是人在环境中的情绪表达，是人自我意识的情感流露。时间与空间形成了场所的意义和精神，而色彩则丰富了这种意识和精神。所以色彩具有双重的性质，一个是物体自身的色彩表达，这一性质可以从物理的角度进行分析，如光谱、波长等量化研究；另一个是色彩是人心理性的情感表达，这一性质可以从心里的感受进行描述，当然这也是科学的认知范畴。

色彩的心理感受是指来自色彩的物理光刺激对人的生理发生的心理效应。日常生活中观察到的颜色在很大程度上受心理因素的影响，即形成心理颜色视觉。在色度学中，颜色的命名与三刺激值（R、G、B）、色相、明度、纯度、主波长等相关。心理学家在实验中发现，颜色能影响脑电波，处在红色环境中，人的脉搏会加快，血压有所升高，情绪兴奋冲动。处在蓝色环境中，人的脉搏会减缓，情绪也较沉静。人们对于不同颜色会产生不同的心理和生理反应。

冷色与暖色是人们依据心理反应对色彩进行的物理性分类。对于颜色的物质性印象，大致由冷暖两个色系产生。波长较长的红光和橙黄色光，本身有暖和感，以此光照射到任何色都会有暖和感。相反，波长较短的紫色光、蓝色光、绿色光，有寒冷的感觉。夏日，我们关掉室内的白炽灯，打开日光灯，就会有一种变凉爽的感觉。颜色也是如此，在冷食或冷饮包装上使用冷色系，视觉上会引起购买者对这些食物冰冷的感觉。冬日，把卧室的窗帘换成暖色系，就会增加室内的暖和感。

以上的冷暖感觉，并非来自物理上的真实温度，而是与我们的视觉与心理联想有关。总的来说，人们在日常生活中既需要暖色，又需要冷色，在色彩的表现上也是如此。

冷色与暖色除给我们温度上的不同感觉外，还会带来其他的一些感受，如重量感、湿度感等。例如，暖色偏重，冷色偏轻；暖色有密度强的感觉，冷色有稀薄的感觉；两者相比较，冷色的透明感更强，暖色则透明感较弱；冷色显得湿润，暖色显得干燥；冷色有很远的感觉，暖色则有迫近感。

一般说来，在狭窄的空间中，若想使它变得宽敞，应该使用明亮的冷色。由于暖色有前进感，冷色有后退感，可在细长的空间中把墙壁涂以暖色，近处的墙壁涂以冷色，空间就会从心理上感到更接近方形。

除冷暖色系具有明显的心理区别外，色彩的明度与纯度也会引起人们对色彩物理印象的错觉。一般来说，颜色的重量感取决于色彩的明度，暗色给人以重的感觉，明色给人以轻的感觉。纯度与明度的变化也会给人以色彩软硬的印象，如淡的亮色使人觉得柔软，暗的纯色则有强硬的感觉。

色彩心理学是一门十分重要的学科，在自然欣赏、社会活动方面，色彩在客观上是对人们的一种刺激和象征，在主观上又是一种反应与行为。色彩心理透过视觉开始，从知觉、感情到记忆、思想、意志、象征等，其反应与变化是极为复杂的。色彩的应用，很重视这种因果关系，即由对色彩的经验积累而变成对色彩的心理规范，当受到什么刺激后能产生什么反应，都是色彩心理学所要探讨的内容。

二、色彩的组合要素

色彩与色彩之间的搭配与组合直接影响着色彩的表现效果。绘画的原材料是以各种色彩组成的等级序列来排列的，即我们熟悉的色谱等级序列。其实，从色谱中的某一两个临近色中又可以分出许多数目的色彩，从黑到白的过渡中也可以分辨出不同明暗值的色彩变化。

（一）色相配色

以色相为基础的配色是以色相环为基础进行思考的，用色相环上类似的颜色进行配色，可以达到稳定而统一的效果。用距离远的颜色进行配色，可以达到一定的对比效果。类似色相的配色，能表现共同的配色印象。这种配色在色相上既有共性又有变化，是很容易取得配色平衡的手法。例如，黄色、橙黄色、橙色的组合，群青色、青紫色、紫罗兰色的组合都是类似色相配色。与同一色相的配色一样，类似色相的配色容易产生单调的感觉，所以可使用对比色调的配色手法。对比色相配色是指在色相环中，位于色相环圆心直径两端的色彩或较远位置的色彩组合。它包含了中差色相配色、对照色相配色、补色色相配色。中差色相配色的对比效果既明快又不冲突，是深受人们喜爱的配色手法。对比色相的色彩性质比较轻，所以经常在色调上或面积上用以取得色彩的平衡。

（二）色调配色

1. 同一色调配色

同一色调配色是将相同色调的不同颜色搭配在一起形成的一种配色关系。同一色调的颜色、色彩的纯度和明度具有共同性，明度按照色相略有所变化。不同色调会产生不同的色彩印象，将纯色调全部放在一起，可产生活泼感；而婴儿服饰和玩具一般以淡色调为主。在对比色相和中差色相配色中，一般采用同一色调的配色手法，更容易进行色彩的调和。

2. 类似色调配色

类似色调配色，即将色调图中相邻或接近的两个或两个以上色调搭配在一起的配色。类似色调配色的特征在于色调与色调之间有微妙的差异，较同一色调有变化，不会产生呆滞感。将深色调和暗色调搭配在一起，能产生一种既深又暗的昏暗之感，鲜艳色调和强烈色调再加明亮色调，便能产生鲜艳活泼的色彩印象。

3. 对照色调配色

对照色调配色是将相隔较远的两个或两个以上的色调搭配在一起的配色。对照色调因色彩的特征差异，能造成鲜明的视觉对比，有一种"相映"或"相拒"的力量使之平衡，因而能产生对比调和感。对照色调配色在配色选择时，会因横向或纵向而有明度和纯度上的差异。例如，浅色调与深色调配色，即为深与浅的明暗对比；而鲜艳色调与灰浊色调搭配，会形成纯度上的差异配色。

（三）明度配色

明度是配色的重要因素，明度的变化可以表现事物的立体感和远近感。例如，希腊的雕刻艺术就是通过光影的作用产生了许多黑白灰的相互关系，形成了成就感；中国的国画也经常使用无彩色的明度搭配。有彩色的物体也会受到光影的影响而产生明暗效果，像紫色和黄色就有着明显的明度差。

明度分为高明度、中明度和低明度三类，相应地，明度就有了高明度配高明度、高明度配中明度、高明度配低明度、中明度配中明度、中明度配低明度、低明度配低明度六种搭配方式。其中，高明度配高明度、中明度配中明度、低明度配低明度，属于相同明度配色。一般使用明度相同、色相和纯度变化的配色方式。高明度配中明度、中明度配低明度，属于略微不同的明度配色。高明度配低明度属于对照明度配色。

三、色彩的感情因素

各种不同的色彩之所以给人以某种情绪的感染，是人们观看色彩时对自然界色彩感受的心理反应。休谟认为，人对世界的因果关系是一种联想的习惯，而艺术学家大多认为联想是人的本能的思维方式。人们也总是把不同色彩赋予不同的想象和联想。中国古代郭熙在《林泉高致》中曾谈道："春山淡冶而如笑，夏山苍翠而如滴，秋山明净而如妆，冬山惨淡而如睡。"这是一种色彩感情的联想和反射。色彩的联想分为具体联想和抽象联想两种。具体联想是指人们看到某种色彩会联想到自然界、生活中某些具体的相关事物。抽象联想是由所看到色彩直接联想到某种富有哲理性或象征性概念的色彩心理联想形式。例如，人们看到红色会联想到鲜血、红旗、朝霞等，还可以抽象联想到热情、危险、火力等；看到绿色，会联想到小草、绿地等具体事物，还会抽象联想到生命、清新、植物、氧气、活泼；看到黄色会具体联想到灯光、柑橘、秋叶等，还可以抽象联想到温暖、欢乐等，联想到活力、阳光、麦田、希望、皮肤、高贵、奢华，所以红、橙、黄给人以兴奋感，是活跃的色彩；看到蓝色会具体联想到大海、水、天空，还可以抽象联想到平静、单纯、深邃、美丽、宽阔、忧伤，是静态色彩；看到紫色会联想到魅力、忧伤、高调；看到黑色会联想到黑暗、沉寂、孤独、恐惧、无助、死亡、性感；看到灰色会联想到死寂、灰尘；看到冰冷白色会联想到纯净、透明、婚姻、死亡、迷茫、干净。

色彩的联想受人的年龄、性别、性格、文化、教养、职业、民族、宗教、生活环境、时代背景、生活经历等各方面因素的影响。不同种族的色彩联想是不相同的。在黄河流域的中原乡村，其色彩谱系是围绕红、黄、绿吉祥喜庆的鲜艳基调展开的。山地稻作文化的苗族把黑、白、黄、蓝、绿、紫、红、橙多种色彩交织在一起，形成了苗族盛装高纯度、强对比的配色风格，西南凉山彝族对黑色崇拜，东北地区满族对白色崇拜。蒙古族喜欢大色块的蓝、绿、白、粉、黄颜色的跳跃的纯色对比。中国长江以南的地区基本沿袭着吴楚文化的遗风，南方山清水秀，地理环境条件多样，且少数民族数量较多，民俗节日丰富，这使得中国南部乡村的色彩谱系多元而丰富。

我国封建社会，五色观是早期文明中多民族文化交融创造的产物。黄色代表皇天后土，代表国家的权利，是皇帝的专用色彩；紫色为大臣的服装色彩，贫民只能穿皂服青衣，而且不同朝代对色彩的判断也不一样。京剧脸谱中，不同颜色代表不同的人物性格和特征，红色和紫色表示忠诚，黄色表示干练沉稳，白色表示奸诈诡谲，黑色表示刚正不阿，对于色彩情感的象征意义，形成了一套"程式"。闻一多在诗歌《色彩》中写道："绿给了我发展，红给了我热情，黄教我以忠义，蓝教我以高洁，粉红赐我以希望，灰色赠我以悲哀……"这就是色彩的感情因素。

综观历史与现实，一个文化多样性的色彩中国，正是在多样性的色彩文化传统中互为依存、共生发展的。有了文化多样性基因的传承和延续才使现实的中国拥有了真正的民族文化光彩。

第三节　色彩设计的原则

色彩本身没有美丑之分，所谓色彩美，完全在于色彩与色彩、色彩与环境的搭配上。人们视觉认为最美的色彩，如果出现的地方不对，或搭配的比例不协调，也可能是最丑的色彩。绿色，作为植物生命的体现，它永远是乡村中最美的色彩，无论建筑物色彩怎样混乱，只要被绿色植被遮掩，就会化丑为美。乡村的色彩运用要坚持以下几条原则。

一、色彩构成和谐原则

19世纪德国美学家谢林在《艺术哲学》一书中指出："个别的美是不存在的，惟有整体才是美的。"在色彩设计中，要坚持整体和谐的原则。乡村色彩设计的整体性是指乡村中自然环境、地理要素、农田景观和各种人工设施等要素之间的色彩构成的整体性与协调性。乡村的色彩规划，首先要有整体的规划定位、设计指导，结合乡村的地理环境、历史发展、民俗文化和生活习惯进行宏观色彩基调的定位，在此基础上，对乡村不同功能构成要素的色彩进行统一筹划，即规划好主色调、辅助色、点缀色和背景色，以形成整个乡村和谐统一的色彩效果。乡村色彩的形成既有历史性的惯性因素，也有时代的人为因素，既具有客观的普遍性，也有偶然的人为性。色彩的整体规划要遵循历史发展规律，也要结合时代特色和发展要求，合理确定好主色调要在大量的调研和考察的基础上，对乡村的各要素进行色谱分析，甄别和剔除偶然性的现象。乡村色彩是乡村景观直接的视觉表象，乡村要确定一个统一的风格，必须注重对乡村主色调的选择。辅助色要注意与主色调相呼应。点缀色是点状的补充色，可与主色调形成对立状态。

和谐是色彩运用的核心原则，也是色彩设计的核心原则。这里的色彩包括乡村色彩的构成因素：自然的、人工的；固定的、流动的；永久的、临时的等。和谐，要求乡村色彩在变化与差异中实现统一或协调。如果色彩没有变化和差异，就无所谓和谐；但变化或差异过大，也就没有了和谐。乡村色彩的协调，体现在两方面，一方面是指人工色与自然色协调，另一方面是指人工色与人工色之间的协调。

二、突出自然美原则

人类的色彩美感来自大自然对人的陶冶。对人类来说，自然的原生色总是易于接受的，甚至是最美的。因此，人工色彩永远不能与大自然争美，而要尽量保护和突出自然色，特别是树木、草地、河流、大海甚至岩石的自然色。

1. 突出地方特色

所谓"一方水土养一方人"，不同的地理环境、气候条件以及物产资源都会形成不同的乡村色彩。江南苏浙的白粉墙、黛黑瓦、青石桥以及碧水、绿树组成了江南水乡水墨淡彩的乡村特色；岭南乡村则以黄灰色为主色调，衬以紫红的紫荆花、鲜红的木棉花等艳丽的花色，构成了岭南花城的风韵乡村；胶东半岛则以红瓦、黄墙、绿树、碧海、白云、蓝天构成了海滨味极浓的乡村风貌，北方的红墙黄瓦和青瓦灰墙的民间村落，形成鲜明的色彩对比。这些乡村都普遍利用乡村地域、地貌等自然色彩条件作为乡村色彩规划的重要因素，也是体现了乡村背景色在乡村色彩中的重要性。

法国著名色彩学家让·菲利普·朗克洛认为："每一个国家，每一个乡村都有它自己的色彩,而这些色彩在很大程度上参与组成了一个民族和文化的本体。"全球化的趋势造成了文化的趋同，建筑风格国际化的潮流在不断蔓延，地方的文化也在国际化中逐渐消失，不同地区的建筑在色彩、形态上有着惊人的相似。建筑材料、建筑形式、建筑风格、地方民俗和地域特色很难保留。

　　在乡村景观的色彩设计中，应体现出浓厚的地域特征，展现乡村的地方性，这也是乡村文化的保留和继承。在乡村色彩景观规划时，要探索和挖掘当地乡村色彩肌理，提炼传统色彩，充分尊重当地民俗风貌，弘扬民族色彩，构筑与乡村传统相适宜的色彩体系。

　　文化不单是一种表象，也蕴含了发展的机遇和动机。乡村色彩景观规划与乡村经济发展是相互交织的，只有拥有浓厚的地域特色才会推动乡村旅游等经济产业更好发展。在进行乡村色彩规划与设计时，要把不同地区、不同民族的色彩审美偏好反映到乡村色彩中来，也会形成独具特色的乡村色彩风貌。要保持民族独特的色彩意韵，以达到弘扬民族文化的目的。

　　2. 延续历史文脉原则

　　乡村色彩一旦由历史积淀形成，便成为文化载体，并在不断诉说着历史文化意味。因此，对于历史文化古镇、古村落，为了延续历史文脉，应尽量保持其传统色调，以显示其历史文化的真实性。如果原有风貌已被破坏，起码保持历史建筑、文化古迹周边的建筑色调与古建筑色调相统一。色彩不仅具有一般的美学意义，作为乡村文化的重要组成部分，它还触动和诱发着文化的脉搏。延续历史文脉色彩规划与设计，我们必须坚持挖掘、继承、创新的原则。挖掘是要求在进行乡村色彩规划时，首先就要充分了解和挖掘乡村固有的或曾有的传统色彩，了解过去，历史发展一定是蕴含着它的必然性和合理性；继承就是对传统传承文化精神的延续；创新是要为未来谋划。

三、服从功能原则

　　乡村的色彩要服从乡村的功能与文化。这其中包含两层意思：一层是指乡村的整体功能，即乡村的性质，另一层是指乡村的片区功能，即乡村各功能区的作用。乡村作为以农耕性为主的聚落，居住是它的主要功能，同时生产、文化和娱乐也有它自身的功能要求。功能的不同在色彩上也会有所区分。居住性的功能区和商业文化性的功能区不同，与生产性的功能设施也会有所不同。原因是人们的生产、生活的内容不同，借以发生的工具、设施也会不同，也会发生在色彩上产生差异。

　　基于以上原则，针对乡村目前的色彩实施，必须反对和制止如下两种倾向。

　　（一）反对色彩商业性倾向

　　目前，造成色彩混乱的一大根源就是乡村色彩的商业化运用，突出表现在广告色彩运用上。大面积色彩艳丽、色度饱满的灯箱无规则放置在建筑屋顶、立面或街道公共空间上，甚至一些标志性建筑也披挂上花花绿绿的广告，将整个乡村色彩切割得七零八落。特别是商店门前简陋的灯箱广告，形状不一、怪色突起，既破坏了原有建筑的色彩，又造成了严重色彩污染。因此，应规范广告色彩，商店门前应提倡艺术招牌为主，且要求彼此的统一性。

（二）反对色彩追赶时髦倾向

追赶建筑色彩时髦是造成色彩混乱的主要原因。多数情况下，仅仅为追赶新潮或做模仿秀，而把乡村色彩搞得一塌糊涂。地面乱铺彩砖是典型一例。彩色人行道，不仅破坏了色彩的和谐，而且，因保洁困难很快变成大花脸，恰恰给乡村脸上抹了黑。有对广州、北京等乡村色彩调查显示，白色成为乡村中所有色彩中最大的污染色。白瓷面砖是中国特色的建材。它作为南方暴发户的文化代表，很快普及全国并成为时髦。不管功能造型环境，一律白面贴砖，这种亮度高、反光强的白面砖，夏日阳光下白色刺目，萧瑟冬天里白色寒心，从不给人悦目的感觉。它难以与其他色彩协调，甚至无法通过立体绿色遮掩其丑陋色彩。因此，这种白色污染到哪里，传统乡村风貌就被破坏到哪里。所幸，目前的这种白色时髦潮已成为过去，但新的装修材料、新的建筑色彩时髦可能正在形成。只有当每个乡村找到自己的色彩感觉，树立起文化自信，这种盲目地追时髦才会被摒弃。

第四节　色彩设计指引要点

一、公共空间色彩设计指引

乡村公共空间是村民公共活动的场所，是人们进行交流、观演、祭祀等的重要场所。乡村的公共空间往往是街道的局部扩大，或是依附于宗祠的开敞外部空间。公共空间的立面色彩主要是周边的建筑色彩，如宗祠、寺庙、戏楼的墙面、屋顶、屋身和装饰的图案色彩。其中，建筑的屋顶、墙身的色彩是公共空间的主色调，建筑的砖石构建的色彩成为点缀色。公共空间的铺装色彩也是重要的基地色彩。建筑色彩与铺装色彩因为都是大面积色，所以，两者之间的调和非常重要，在色彩设计上，可采用相同色相的配色法，或以其中之一为主导色进行配色。

公共空间的色彩也分背景色、主色调和点缀色。建筑墙面和铺地形成了公共空间的背景色，而它的主色调就是公共空间视觉中心的颜色，这是公共空间强调色之所在。公共空间是一个无导向性的滞留空间，在空间环境上要有一个视觉控制点，以此形成公共空间的视觉中心。 这一视觉中心可以是建筑、柱子或环境小品。与周围环境相比，视觉中心是相对较小的部分，它明显区别于周边环境而独立存在。使用不同于背景色的处理方式，能够很好起到营造中心景观的作用。

有的乡村由于有集市交易、晒谷打场等的需要，自发形成一些户外的公共场地，不同性质的公共空间要有不同的色彩景观。商业性的集市就要多些活跃的色彩，祭拜的场所要多些凝重的氛围，聚会表演的场地则要欢快或轻松的色彩，来烘托公共空间的气氛。综上，要从色彩景观的多样性和丰富性的角度满足村民和游客精神上的寄托和向往。

二、街道色彩设计指引

乡村的街道包括大街、小巷、胡同等，错综复杂，但其道路体系明确，各街道之间都有较好的贯通性，这种自发性的道路系统结构完整，形成狭长、封闭的带状空间。

乡村街道是由侧立面与地面围合形成的。因此，侧立面的建筑色彩、装饰物与路面的颜色、街道绿化的色彩等构成街道色彩的主要组成部分。街道空间是一个连续的整体空间，相较于公共空间，它是非静态的、继时的。街道空间的色彩也要求可读、清晰、易记忆为主，具有可识别性。乡村街道主要是以步行为主，人们对街道两侧的建筑观察时间长，因此在处理街面时，建筑立面要耐看，街道色彩也要精、细，以便人的滞留和再访。乡村要形成整体的基调色，这种基调色与建筑材质、纹理和颜色有关，与铺装的形式、材质有关。更重要的是，街道色彩要依照当地的文化特色、历史传统和民俗文化布置。

由于街道现状的连通性，即街道色彩在时空关系上的继时性，街道色彩可以有所变化，色彩运用要以中明度、中纯度、低彩度为主，色彩的变化可使用高明度低彩度色、中性色、中间色或无彩度色进行过渡。不宜让人们感觉在视觉范围内色彩明度、纯度、彩度上变化幅度过大。在进行色彩变化时，应注意色彩的连贯，特别是相邻色彩之间的协调与过渡。

街道色彩设计时，要注意每条街道色彩空间的营造，同时要注意道路交叉口和道路端点、转折处等重要节点位置的色彩处理。街道的各个路段，是人们伦理生活、传统习惯最直接的空间环境，是建筑外墙面最直接的表现方式，要和院落的整体色彩、村落的环境色彩相一致。不同的路段可以采用同色系或同色相的颜色。道路交叉口处各方向色彩处理要比路段上色彩的处理更为重要。不但在建筑形体上有所扩大，在建筑色彩上也要进行重点提示，首先是作为节点进行标示，其次是在功能上进行导向，区分和导示不同的建筑方向。

乡村的主要街道往往建造一些商铺，它们连接紧密，商铺外面的广告牌是街道景观色彩的重要点缀色，形式处理得好，会给街道色彩增光，处理不好，就如同伤疤。要合理进行广告牌大小和形式的处理，如做成相同的底版和背景，规范文字的形式和色彩形式等。一切传统的幌子、招牌、牌匾等传统形式也可以结合不同的文化传统，加以使用。

三、居住建筑色彩设计指引

居住建筑是乡村景观环境中的主体。乡村的建筑是以家庭为单位，以院落为基本形式。所以居住建筑不仅包括建筑，也包括围合院落的院墙、大门等。中国传统的民居文化造就了我们固有的居住环境审美心理，从大量历史民居当中，我们发现它们的色彩上都倾向于明度高、彩度低的暖色调，如土黄、枣红等，这样的色彩给人轻松、温馨的感觉。这也是我们当代家居设计选色的依据，这种共同的心理特征是历史形成的一种稳定的色彩心理和文化心理，这种稳定性，我们既可以在历史中发现，也可以在现实中发现。所以在处理乡村居住建筑色彩时，同样要符合乡村给人的感受。在材料的选择上，应该因地制宜，用或者仿当地的石料、木料来塑造，在色彩景观上力求同宏观层面的规定方向一致，营造居住建筑淳朴、敦厚的气息，切不可盲目翻新。在居住建筑中，大门是个入口空间，要做重点处理，就好似乡村的出入口一样，它因空间界定的作用而存在，大门代表庭院主人的形象，大门是家庭内部和外部的分界。如同乡村出入口的色彩决定着乡村的整体形象一样，大门也是决定每家每户的整体形象。大门的形式和色彩是一个居住建筑中的最重要的部分，所以在形式上和色彩上要起到一个强调和突出的作用，颜色的形式可以与墙面进行对比性处理。

四、乡村出入口色彩设计指引

乡村出入口是乡村与周围环境之间的分界点，它作为空间界定的作用而存在，出入口的景观代表这个乡村的形象。乡村出入口是乡村内部和外部进行人流、物流、信息流交换的位置。乡村出入口的色彩是进入乡村的第一眼，决定着乡村的整体形象。

对于乡村入口，色彩设计首先要对内外环境做出界定，外在环境主要是自然环境和半自然环境，这种自然环境的色彩基调就是绿色。绿色作为乡村存在的基地色和背景色，大范围包裹着乡村，入口色彩首先作为一种区分和隔离，在色彩上要暗示人工环境的开启和进入，所以入口颜色在这里可以作为一个对比色存在。在入口空间的景观色彩选择上，可以选择高彩度或高明度的色彩，使其与背景色区别开来，便于识别。

村口的布置形式多种多样，如采用传统的山门形式，这种空间形式单薄，空间氛围感不够强烈，还有把村口进行散点式布局，形成三维化的入口形式，以多重空间逐渐引导和深入，这样能与乡村整体风貌巧妙联系。无论是村民还是外地人，都不会在乡村的出入口长时间停留，所以乡村入口的景观形式不要过于复杂，景观的色彩种类尽量简单化。色彩要饱满，易于识别。也可以考虑通过赋予色彩以意义，来提高色彩的易识别性。

色彩的象征意义是地方文化的一部分，地域跨度越大，文化象征性符号的差别就越大，色彩的意义的差别也就越大。对于某些区域来说，色彩的意义可能比较雷同，要尽量突出地方传统的色彩特征，在共性的基础上寻找不同点。

五、乡村历史景观色彩设计指引

乡村的存在历史一般都很长，中原和江南一带的村落一般都是几百年的历史，所以乡村中保留了大量的历史文化古迹和文化遗产。随着时代的发展，人们越发觉得文化中蕴含着巨大的经济价值，所以历史文化名村名镇的建设才如火如荼。如何对待这些历史遗留物，如何开发和保护这些优秀的历史景观仍是一个很大的问题。

对于这些历史文化遗产和古迹，可以通过合理的色彩景观设计，继承和升华历史文化传统思想，引起人们的共鸣。通过色彩景观的有序串联进行保护，或许可以恢复到原来的色彩面貌。

对于已经破损的夯土墙，不同年代的破损建筑，不常见的农具（如磨坊、水推车、马车、轱辘）等文化遗存，当地特色的服饰等，要建立资料档案，分类进行管理。凡是有保留价值的，包括科研价值、历史价值、文化价值，要保持原样进行封存，由上一级的专家进行处理。

对于具有价值还有可能修复的文物性建筑，按照"修旧如旧"的原则，保持原来的形式、原来的色彩，建议色彩景观以符合基本的群体基调为主，提倡材料的外立面以保护性清洗、修复为主，尽量保留其原有的材质和色彩。运用新材料时，在色彩、质地选择上，以相仿为主。对于利用价值不大的、很难修复的建筑，可以进行改造和再利用，但要坚持形式的再转变和色彩的再转换。要坚持形状的转译、色彩设计的相近性原则，这些设施将来要成为符号的表达元素。

主要参考文献

白德懋，2004．城市空间环境设计 [M]．北京：中国建筑工业出版社．

陈威，2007．景观新农村：乡村景观规划理论与方法 [M]．北京：中国电力出版社．

侯幼彬，2009．中国建筑美学 [M]．北京：中国建筑工业出版社．

李立，2007．乡村聚落：形态、类型与演变：以江南地区为例 [M]．南京：东南大学出版社．

林聚任，何中华，2009．当代社会发展研究：中国乡村社会研究回顾与展望专辑 [M]．济南：山东人民出版社．

刘滨谊，1999．现代景观规划设计 [M]．南京：东南大学出版社．

芦原义信，1985．外部空间设计 [M]．尹培桐，译．北京：中国建筑工业出版社．

单德启，2001．小城镇公共建筑与住区设计 [M]．南京：东南大学出版社．

王建国，1991．现代城市设计理论和方法 [M]．南京：东南大学出版社．

王士兰，游启滔，2004．小城镇城市设计 [M]．北京：中国建筑工业出版社．

王向荣，林箐，2002．西方现代景观设计的理论与实践 [M]．北京：中国建筑工业出版社．

文剑刚，2001．小城镇形象与环境艺术设计 [M]．南京：东南大学出版社．

吴家骅，2003．景观形态学 [M]．叶南，译．北京：中国建筑工业出版社．

夏健，龚恺，2001．小城镇中心城市设计 [M]．南京：东南大学出版社．

肖敦余，胡德瑞，1990．小城镇规划与景观构成 [M]．天津：天津科学技术出版社．

徐思淑，周文华，1991．城市设计导论 [M]．北京：中国建筑工业出版社．

赵之枫，张建，骆中钊，等，2005．小城镇街道和广场设计 [M]．北京：化学工业出版社．